KB087170

초등수학

계산 중심이 아닌,
개념과 의미로 풀어내는
진짜 수학!

곱셈
곱셈
ㅂ×ㅁ

개념이 먼저다

안녕~ 만나서 반가워!
지금부터 초등수학
곱셈 공부 시작!

책의 구성

1 단원 소개

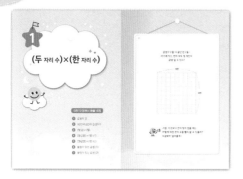

공부할 내용을 미리 알 수 있어요.
건너뛰지 말고 꼭 읽어 보세요.

2 개념 익히기

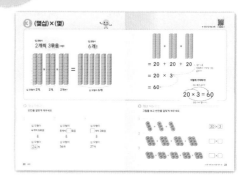

꼭 알아야 하는 개념을 알기 쉽게 설명했어요.
개념에 대해 알아보고, 개념을 익힐 수 있는
문제도 풀어 보세요.

4 개념 마무리

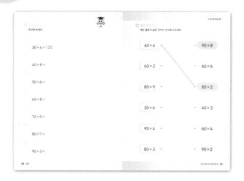

익히고, 다진 개념을 마무리하는 문제예요.
배운 개념을 마무리해 보세요.

5 단원 마무리

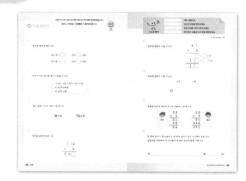

얼마나 잘 이해했는지 체크하는 문제입니다.
한 단원이 끝날 때 풀어 보세요.

3 개념 다지기

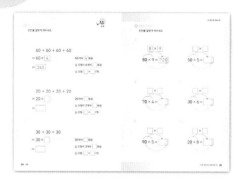

익힌 개념을 친구의 것으로 만들기 위해서는
문제를 풀어봐야 해요.
문제로 개념을 꼼꼼히 다져 보세요.

이런 순서로
공부해요!

6 서술형으로 확인

배운 개념을 서술형 문제로
확인해 보세요.

7 쉬어가기

배운 내용과 관련된 재미있는 이야기를
보면서 잠깐 쉬어가세요.

차례

0 곱셈구구

1 (두 자리 수) × (한 자리 수)

1. <초등수학 곱셈 개념이 먼저다>는 초등 3, 4학년에 나오는 두 자리 수, 세 자리 수의 곱셈에 대한 내용을 담고 있습니다. 따라서, 초등 2학년 과정의 곱셈구구를 완전히 익힌 다음 이 책을 공부할 수 있도록 해주세요.

　덧셈이나 뺄셈에서 계산의 원리만 이해하면 큰 수의 계산을 할 수 있는 것처럼, 곱셈도 계산의 원리를 알고 나면 자릿수에 상관없이 복잡한 수끼리 곱할 수 있습니다. 이 책에서는 계산 원리뿐만 아니라, 곱셈의 의미와 교환법칙에 대해서도 자세히 설명합니다.

2. 수학은 논리적인 사고를 하는 활동입니다. 이 책을 통하여 곱셈에 대해 논리적으로 사고하는 활동을 할 수 있게 해주세요. 그런데 수학에서 말하는 논리적 사고를 하기 위해서는 먼저 정의를 정확히 알아야 합니다.

　수학의 모든 내용은 정의에서부터 출발합니다. 정의에서 성질도 나오고, 성질을 이용해서 계산도 할 수 있습니다. 그리고 때로는 기호를 가지고 복잡한 것을 대신 나타내기도 합니다. 수학은 약속의 학문이라는 것을 아이에게 알려주세요.

3. 이 책은 아이가 혼자서도 공부할 수 있도록 구성되어 있습니다. 그래서 문어체가 아닌 구어체를 주로 사용하고 있습니다. 먼저, 아이가 개념 부분을 공부할 때는 입 밖으로 소리 내서 읽을 수 있도록 지도해 주세요. 단순히 눈으로 보는 것에서 끝내지 않고 읽어가면서 공부한다면, 내용을 효과적으로 이해하고 좀 더 오래 기억할 수 있을 것입니다.

$2 \times 7 = 14$

$5 \times 2 = 10$

곱셈구구
복습하기

$6 \times 3 = 18$

$8 \times 5 = 40$

이 일은 이~
이 이는 사~
이 삼은 육~

곱셈구구 2단부터 9단까지
노래에 맞춰서 외웠던 것 기억하지?

곱셈 공부를 시작하기 전에
곱셈구구를 얼마나 잘 기억하고 있는지
한 번 더 확인해 보자~

$7 \times 6 = 42$

$9 \times 4 = 36$

아래 곱셈구구표에는 각 단마다 잘못된 곳이 한 군데씩 있습니다.
잘못된 곳을 찾아 ✕표 하세요.

2단	**3**단	**4**단	**5**단
$2 \times 1 = 2$	$3 \times 1 = 3$	$4 \times 1 = 4$	$5 \times 1 = 5$
$2 \times 2 = 4$	$3 \times 2 = 6$	$4 \times 2 = 8$	$5 \times 2 = 10$
$2 \times 3 = 6$	$3 \times 3 = 9$	$4 \times 3 = 12$	$5 \times 3 = 15$
$2 \times 4 = 8$	$3 \times 4 = 12$	$4 \times 4 = 16$	$5 \times 4 = 20$
$2 \times 5 = 10$	$3 \times 5 = 15$	$4 \times 5 = 20$	$5 \times 5 = 26$
$2 \times 6 = 12$	$3 \times 6 = 18$	$4 \times 6 = 26$	$5 \times 6 = 30$
$2 \times 7 = \cancel{15}\ 14$	$3 \times 7 = 21$	$4 \times 7 = 28$	$5 \times 7 = 35$
$2 \times 8 = 16$	$3 \times 8 = 24$	$4 \times 8 = 32$	$5 \times 8 = 40$
$2 \times 9 = 18$	$3 \times 9 = 28$	$4 \times 9 = 36$	$5 \times 9 = 45$

6단	**7**단	**8**단	**9**단
$6 \times 1 = 6$	$7 \times 1 = 7$	$8 \times 1 = 8$	$9 \times 1 = 9$
$6 \times 2 = 12$	$7 \times 2 = 14$	$8 \times 2 = 16$	$9 \times 2 = 18$
$6 \times 3 = 18$	$7 \times 3 = 21$	$8 \times 3 = 24$	$9 \times 3 = 27$
$6 \times 4 = 24$	$7 \times 4 = 28$	$8 \times 4 = 32$	$9 \times 4 = 36$
$6 \times 5 = 30$	$7 \times 5 = 35$	$8 \times 5 = 40$	$9 \times 5 = 45$
$6 \times 6 = 36$	$7 \times 6 = 42$	$8 \times 6 = 48$	$9 \times 6 = 53$
$6 \times 7 = 43$	$7 \times 7 = 49$	$8 \times 7 = 56$	$9 \times 7 = 63$
$6 \times 8 = 48$	$7 \times 8 = 54$	$8 \times 8 = 63$	$9 \times 8 = 72$
$6 \times 9 = 54$	$7 \times 9 = 63$	$8 \times 9 = 72$	$9 \times 9 = 81$

빈칸을 알맞게 채우세요.

$6 \times 4 = \boxed{24}$

$3 \times 7 = \boxed{}$

$9 \times 7 = \boxed{}$

$8 \times 4 = \boxed{}$

$4 \times 3 = \boxed{}$

$7 \times 7 = \boxed{}$

$5 \times 5 = \boxed{}$

$3 \times 6 = \boxed{}$

$8 \times 6 = \boxed{}$

$9 \times 9 = \boxed{}$

$9 \times 6 = \boxed{}$

$7 \times 4 = \boxed{}$

$4 \times 6 = \boxed{}$

$5 \times 6 = \boxed{}$

계산 결과가 짝수인 것에 모두 ○표 하세요.

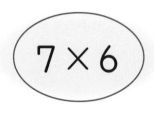

5 × 4

3 × 9

5 × 3

4 × 4

7 × 1

9 × 7

8 × 5

빈칸을 알맞게 채우세요.

$$8 \times \boxed{7} = 56$$

$$6 \times \boxed{} = 30$$

$$\boxed{} \times 3 = 27$$

$$8 \times \boxed{} = 16$$

$$6 \times \boxed{} = 30$$

$$5 \times \boxed{} = 35$$

$$\boxed{} \times 2 = 18$$

$$3 \times \boxed{} = 24$$

$$\boxed{} \times 5 = 15$$

$$\boxed{} \times 6 = 12$$

$$\boxed{} \times 9 = 36$$

$$\boxed{} \times 2 = 14$$

$$\boxed{} \times 8 = 72$$

$$3 \times \boxed{} = 21$$

이제 진짜로
시작해 볼까?~

1

(두 자리 수)×(한 자리 수)

곱셈구구를 다 끝낸 친구들~
여기에 있는 칸이 모두 몇 개인지
금방 알 수 있지?

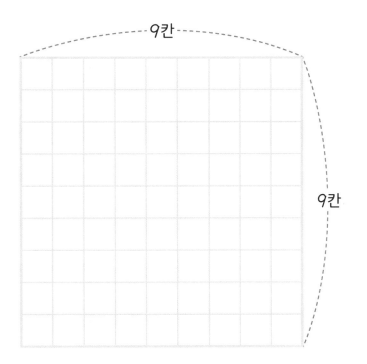

그럼, 이것보다 칸이 많이 있을 때는
어떻게 하면 칸의 수를 빨리 알 수 있을까?
지금부터 알려줄게~

① 곱셈의 뜻

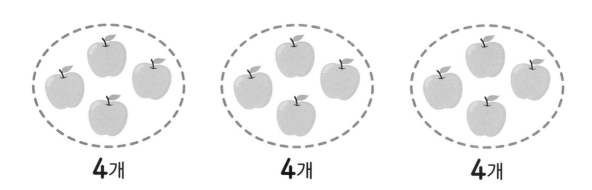

4개   **4**개   **4**개

사과는 모두 몇 개?

$4 + 4 + 4 = 4 × 3$

3번

같은 수를
여러 번 더한 것을~

간단히 쓴 것이
곱셈!

답 I2개

▶ 개념 익히기 1

빈칸을 알맞게 채우세요.

1

$5 + 5 + 5 = 5 × \boxed{3}$

3번

2

$7 + 7 + 7 + 7 = 7 × \boxed{}$

4번

3

$10 + 10 + 10 + 10 + 10 + 10 = 10 × \boxed{}$

▶ 정답 및 해설 2쪽

3401

4 곱하기 3

4씩 3묶음

4 × 3

4를 3번 더한 것

4의 3배

4와 3의 곱

▶ **개념 익히기 2**

빈칸을 알맞게 채우세요.

1

9×4

9 씩 4 묶음

□ 곱하기 □

□의 □배

□와 □의 곱

2

7×6

□씩 □묶음

□ 곱하기 □

□의 □배

□과 □의 곱

3

5×8

□씩 □묶음

□ 곱하기 □

□의 □배

□와 □의 곱

10단과 0단의 곱셈구구

10단 배우기

 10이 하나씩
늘어나는 것!

$10 \times 1 = 10$ $10 \times 6 = 60$

$10 \times 2 = 20$ $10 \times 7 = 70$

$10 \times 3 = 30$ $10 \times 8 = 80$

$10 \times 4 = 40$ $10 \times 9 = 90$

$10 \times 5 = 50$ $10 \times 10 = 100$

10이
10개 있으면
100

▶ 개념 익히기 1

계산해 보세요.

1

$10 \times 3 = 30$

2

$10 \times 7 =$

3

$10 \times 10 =$

▶ 정답 및 해설 2쪽 3402

0단 배우기

$0 \times 1 = 0$

$0 \times 2 = 0$

$0 \times 3 = 0$

$0 \times 4 = 0$

$0 \times 5 = 0$

$0 \times 6 = 0$

$0 \times 7 = 0$

$0 \times 8 = 0$

$0 \times 9 = 0$

0은 아무리 여러 번
더해도 0이야!

$$0 \times 3 = 0 + 0 + 0 = 0$$
└─ 3번 더하기 ─┘

★ 그러니까, 아무리 큰 수라도
0과 곱하면 0이에요.

예 $0 \times 100 = 0$

▶ 개념 익히기 2

빈칸을 알맞게 채우세요.

1

0을 5번 더했다.

$0 \times 5 = \boxed{0}$

2

0을 34번 더했다.

$0 \times 34 = \boxed{}$

3

0을 7895번 더했다.

$0 \times 7895 = \boxed{}$

빈칸을 알맞게 채우세요.

1

$3 \times 4 =$ $\boxed{12}$

3씩 4 $\boxed{\text{묶음}}$

$\boxed{3}$ 곱하기 $\boxed{4}$

3의 4 $\boxed{\text{배}}$

3과 $\boxed{4}$ 의 곱

2

$5 \times 7 =$ $\boxed{}$

5 $\boxed{}$ 7묶음

5 $\boxed{}$ 7

$\boxed{}$ 의 $\boxed{}$ 배

5와 7의 $\boxed{}$

3

$8 \times 6 =$ $\boxed{}$

$\boxed{}$ 씩 6 $\boxed{}$

$\boxed{}$ 곱하기 $\boxed{}$

$\boxed{}$ 의 6 $\boxed{}$

$\boxed{}$ 과 6의 곱

4

$10 \times 3 =$ $\boxed{}$

10 $\boxed{}$ 3묶음

$\boxed{}$ 곱하기 $\boxed{}$

$\boxed{}$ 의 3배

10과 $\boxed{}$ 의 $\boxed{}$

▶ 개념 다지기 2

관계있는 것끼리 선으로 이으세요.

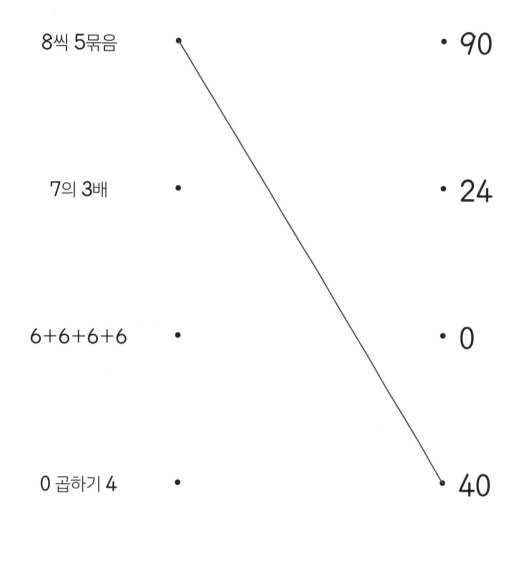

8씩 5묶음 •　　　　　　　• 90

7의 3배 •　　　　　　　• 24

6+6+6+6 •　　　　　　　• 0

0 곱하기 4 •　　　　　　　• 40

10씩 9묶음 •　　　　　　　• 21

10을 5번 더한 수 •　　　　　　• 50

▶ 개념 마무리 1

빈칸을 알맞게 채우세요.

1

$\boxed{3} \times 5 = 15$

2

$\boxed{} \times 7 = 0$

3

$5 \times \boxed{} = 45$

4

$8 \times 4 = \boxed{}$

5

$10 \times \boxed{} = 70$

6

$\boxed{} \times 9 = 54$

7

$0 \times 15 = \boxed{}$

8

$\boxed{} \times 4 = 40$

▶ 개념 마무리 2

주어진 상황에 알맞은 곱셈식을 쓰고 답을 구하세요.

1

마카롱이 한 상자에 4개씩 5상자가 있습니다.
마카롱은 모두 몇 개일까요?

식 $4 \times 5 = 20$ 답   **20**   개

2

학생을 한 줄에 10명씩 세웠더니 9줄이 되었습니다.
학생들은 모두 몇 명일까요?

식   답   명

3

풍선을 8개씩 한 묶음으로 포장했습니다.
풍선 7묶음에는 풍선이 모두 몇 개 들어있을까요?

식   답   개

4

오징어 다리는 10개입니다.
오징어 6마리의 다리는 모두 몇 개일까요?

식   답   개

5

서윤이는 일주일에 한 번씩 3시간짜리 영화 1편을 봅니다.
5주 동안 영화를 본 시간은 모두 몇 시간일까요?

식   답   시간

6

지호가 노트 한 쪽마다 도장을 10개씩 찍습니다.
노트 8쪽에 찍은 도장은 모두 몇 개일까요?

식   답   개

③ (몇십)×(몇)

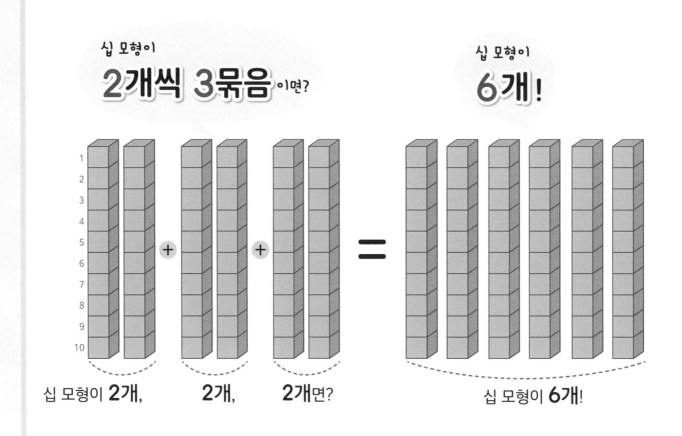

십 모형이
2개씩 3묶음이면?

십 모형이
6개!

십 모형이 **2개**,   **2개**,   **2개**면?

십 모형이 **6개**!

▶ 개념 익히기 1

빈칸을 알맞게 채우세요.

1

십 모형이
4개씩 6묶음

⬇

십 모형이
24 개

2

십 모형이
8개씩 [ ]묶음

⬇

십 모형이
56개

3

십 모형이
[ ]개씩 3묶음

⬇

십 모형이
27개

▶ 정답 및 해설 4쪽

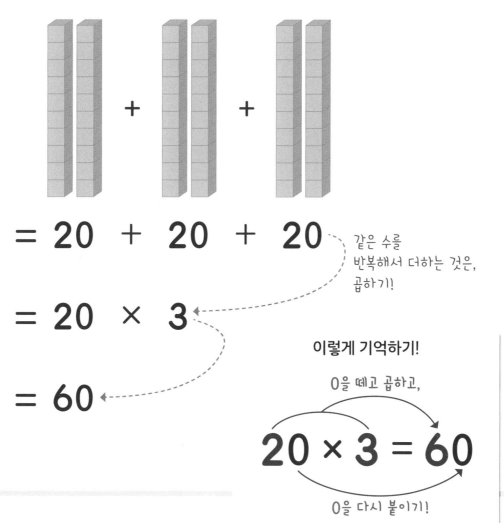

같은 수를
반복해서 더하는 것은,
곱하기!

이렇게 기억하기!

0을 떼고 곱하고,

$$20 \times 3 = 60$$

0을 다시 붙이기!

▶ **개념 익히기 2**

그림을 보고 빈칸을 알맞게 채우세요.

1

$\boxed{30} \times \boxed{3}$

2

$\boxed{} \times \boxed{}$

3

$\boxed{} \times \boxed{}$

빈칸을 알맞게 채우세요.

1

$$60 + 60 + 60 + 60$$
$$= 60 \times \boxed{4}$$
$$= \boxed{240}$$

60개씩 $\boxed{4}$ 묶음

십 모형이 6개씩 $\boxed{}$ 묶음

십 모형: $\boxed{} \times \boxed{}$ (개)

2

$$20 + 20 + 20 + 20$$
$$= 20 \times \boxed{}$$
$$= \boxed{}$$

20개씩 $\boxed{}$ 묶음

십 모형이 2개씩 $\boxed{}$ 묶음

십 모형: $\boxed{} \times \boxed{}$ (개)

3

$$30 + 30 + 30$$
$$= 30 \times \boxed{}$$
$$= \boxed{}$$

30개씩 $\boxed{}$ 묶음

십 모형이 3개씩 $\boxed{}$ 묶음

십 모형: $\boxed{} \times \boxed{}$ (개)

▶ 정답 및 해설 4쪽

▶ 개념 다지기 2

빈칸을 알맞게 채우세요.

1

$$8 \times 9$$

$$80 \times 9 = 720$$

2

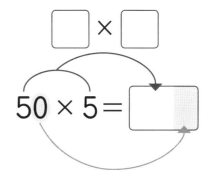

$$50 \times 5 =$$

3

$$70 \times 4 =$$

4

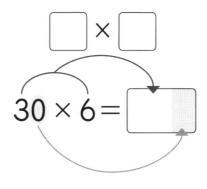

$$30 \times 6 =$$

5

$$90 \times 5 =$$

6

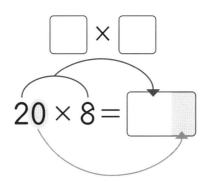

$$20 \times 8 =$$

1

$$30 \times 4 = 120$$

2

$$40 \times 8 =$$

3

$$50 \times 6 =$$

4

$$60 \times 8 =$$

5

$$70 \times 9 =$$

6

$$80 \times 7 =$$

7

$$90 \times 3 =$$

▶ 개념 마무리 2

계산 결과가 같은 것끼리 선으로 이으세요.

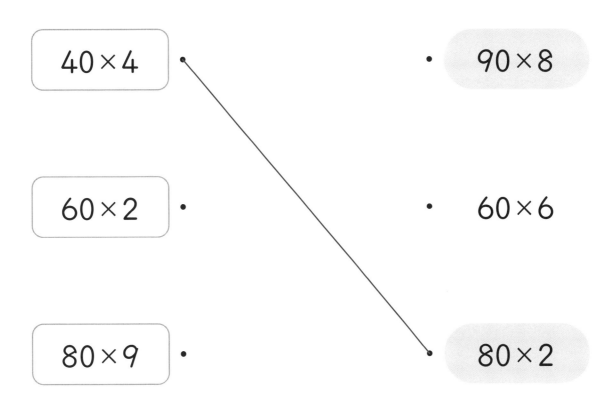

40×4 · · 90×8

60×2 · · 60×6

80×9 · · 80×2

30×6 · · 40×3

90×4 · · 60×4

80×3 · · 90×2

4 (몇십몇)×(몇) (1)

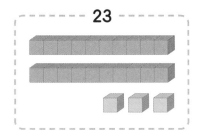 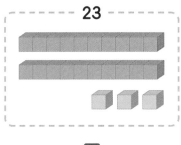 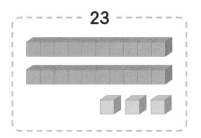

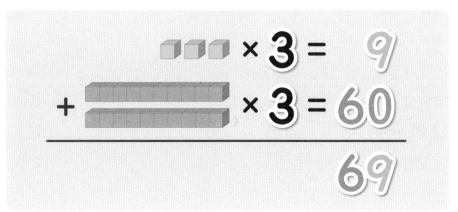

▶ 개념 익히기 1

곱셈식을 덧셈식으로 나타내세요.

1

$$67 \times 4 = 67 + 67 + 67 + 67$$

2

$$51 \times 3 =$$

3

$$29 \times 6 =$$

▶ 정답 및 해설 5쪽

세로로 계산할 때는
자리를 맞추어 쓰기!

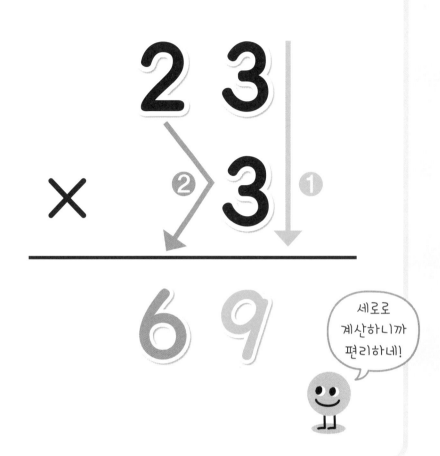

세로로
계산하니까
편리하네!

▶ 개념 익히기 2

주어진 곱셈식을 세로로 쓰세요. (계산은 안 해도 됩니다.)

1

38×9

2
46×5

3
12×8

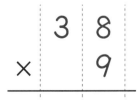

개념 다지기 1

빈칸을 알맞게 채우세요.

1

32×3

$\times \boxed{3} = \boxed{6}$

$\times \boxed{3} = \boxed{9}\boxed{0}$

$+$

    9 6

2

12×4

$\times \boxed{} = \boxed{}$

$+$ $\times \boxed{} = \boxed{}\boxed{}$

    4 8

3

21×3

$\times \boxed{} = \boxed{}$

$+$ $\times \boxed{} = \boxed{}\boxed{}$

    6 3

4

42×2

$\times \boxed{} = \boxed{}$

$\times \boxed{} = \boxed{}\boxed{}$

$+$

    8 4

▶ 개념 다지기 2

빈칸을 알맞게 채우세요.

1

$$
\begin{array}{r}
3\ 4 \\
\times\ \ 2 \\
\hline
6\ 8
\end{array}
$$

2

$$
\begin{array}{r}
2\ 1 \\
\times\ \ 4 \\
\hline
\Box\ \Box
\end{array}
$$

3

$$
\begin{array}{r}
3\ 0 \\
\times\ \ 3 \\
\hline
\Box\ \Box
\end{array}
$$

4

$$
\begin{array}{r}
1\ 1 \\
\times\ \ 7 \\
\hline
\Box\ \Box
\end{array}
$$

5

$$
\begin{array}{r}
3\ 1 \\
\times\ \ 2 \\
\hline
\Box\ \Box
\end{array}
$$

6

$$
\begin{array}{r}
4\ 3 \\
\times\ \ 2 \\
\hline
\Box\ \Box
\end{array}
$$

■ 개념 마무리 1

계산 결과가 같은 것끼리 선으로 이으세요.

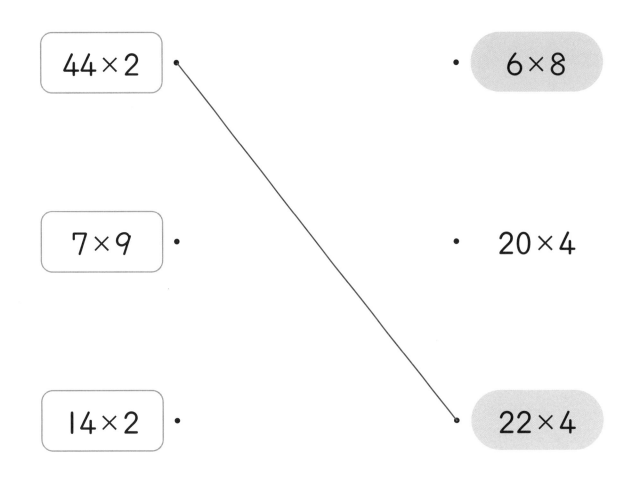

● 개념 마무리 2

빈칸을 알맞게 채우세요.

1

$$
\begin{array}{r}
3\ \boxed{2} \\
\times\quad 3 \\
\hline
9\ 6
\end{array}
$$

2

$$
\begin{array}{r}
\boxed{\ }\ 4 \\
\times\quad 2 \\
\hline
4\ 8
\end{array}
$$

3

$$
\begin{array}{r}
5\ 0 \\
\times\quad 7 \\
\hline
3\ 5\ \boxed{\ }
\end{array}
$$

4

$$
\begin{array}{r}
3\ 1 \\
\times\quad \boxed{\ } \\
\hline
9\ 3
\end{array}
$$

5

$$
\begin{array}{r}
1\ \boxed{\ } \\
\times\quad 4 \\
\hline
4\ 8
\end{array}
$$

6

$$
\begin{array}{r}
6\ \boxed{\ } \\
\times\quad 3 \\
\hline
1\ 8\ 0
\end{array}
$$

5 (몇십몇)×(몇) (2)

$$72 \times 3$$

$$= \quad 72 \quad + \quad 72 \quad + \quad 72$$

70 2   70 2   70 2

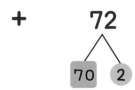

$$= \quad 70 \times 3 \quad + \quad 2 \times 3$$

70이 3번!

$$72 \times 3$$

2도 3번!

70×3
2×3 의 합

▶ **개념 익히기 1**

빈칸을 알맞게 채우세요.

1   2   3

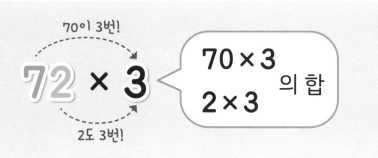

40이 5 번

$$41 \times 5$$

1도 5 번

60이 ☐ 번

$$64 \times 2$$

4도 ☐ 번

50이 ☐ 번

$$53 \times 3$$

3도 ☐ 번

세로로 계산하기

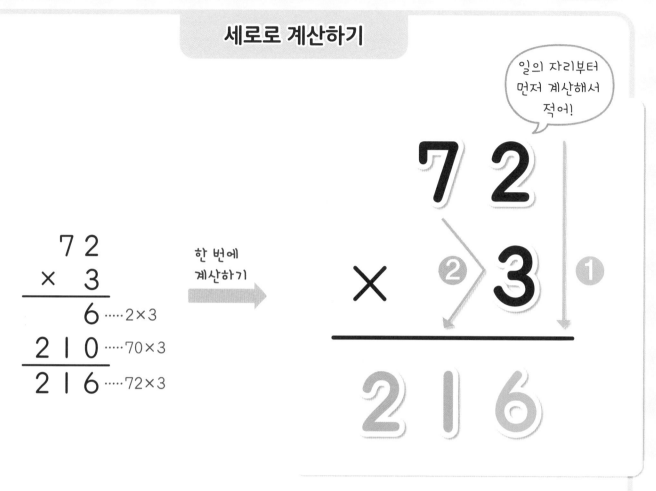

일의 자리부터
먼저 계산해서
적어!

$$
\begin{array}{r}
7\,2 \\
\times\ \ 3 \\
\hline
6 \quad \cdots 2\times3 \\
2\,1\,0 \quad \cdots 70\times3 \\
\hline
2\,1\,6 \quad \cdots 72\times3
\end{array}
$$

한 번에
계산하기

▶ 개념 익히기 2

빈칸을 알맞게 채우세요.

1

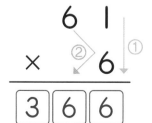

2

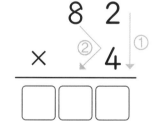

3

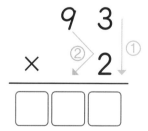

빈칸을 알맞게 채우세요.

1

91×8 ⟨ 90 × [8]
          ⟩의 합
       1 × [8]

2

42×5 ⟨ [ ] × 5
          ⟩의 합
       2 × [ ]

3

83×6 ⟨ [ ] × 6
          ⟩의 합
       [ ] × 6

4

65×3 ⟨ 60 × [ ]
          ⟩의 합
       5 × [ ]

5

54×7 ⟨ 50 × [ ]
          ⟩의 합
       [ ] × 7

▶ 개념 다지기 2

계산해 보세요.

1

```
    5 2
×     4
─────────
  2 0 8
```

2

```
    6 2
×     3
─────────
```

3

```
    8 3
×     2
─────────
```

4

```
    4 1
×     7
─────────
```

5

```
    9 3
×     3
─────────
```

6

```
    6 4
×     2
─────────
```

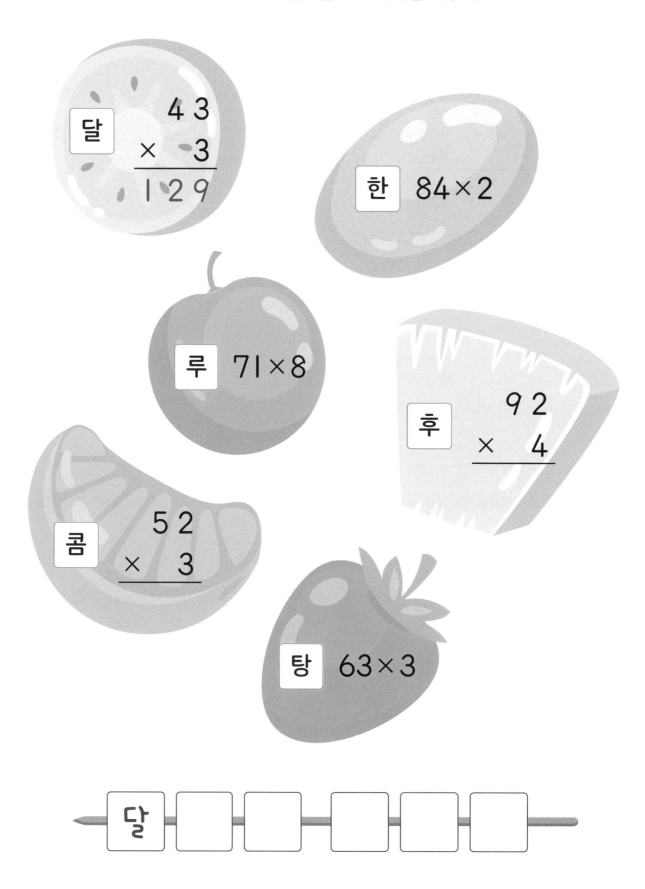

개념 마무리 1

계산 결과가 작은 것부터 순서대로 글자를 써서 빈칸을 채우세요.

달
$$\begin{array}{r} 4\,3 \\ \times\quad 3 \\ \hline 1\,2\,9 \end{array}$$

한 84×2

루 71×8

후
$$\begin{array}{r} 9\,2 \\ \times\quad 4 \\ \hline \end{array}$$

콤
$$\begin{array}{r} 5\,2 \\ \times\quad 3 \\ \hline \end{array}$$

탕 63×3

달					

▶ 개념 마무리 2

빈칸을 알맞게 채우세요.

1

$$
\begin{array}{r}
5\ 1 \\
\times\ \boxed{5} \\
\hline
\boxed{2}\ 5\ 5
\end{array}
$$

2

$$
\begin{array}{r}
\boxed{}\ 2 \\
\times\ \ \ 4 \\
\hline
3\ 2\ \boxed{}
\end{array}
$$

3

$$
\begin{array}{r}
3\ \boxed{} \\
\times\ \ \ 7 \\
\hline
\boxed{}\ 1\ 7
\end{array}
$$

4

$$
\begin{array}{r}
\boxed{}\ \boxed{} \\
\times\ \ \ 3 \\
\hline
2\ 7\ 6
\end{array}
$$

5

$$
\begin{array}{r}
6\ 1 \\
\times\ \ \boxed{} \\
\hline
\boxed{}\ \boxed{}\ 6
\end{array}
$$

6

$$
\begin{array}{r}
\boxed{}\ \boxed{} \\
\times\ \ \ 3 \\
\hline
1\ 2\ 3
\end{array}
$$

6 올림이 있는 곱셈 (1)

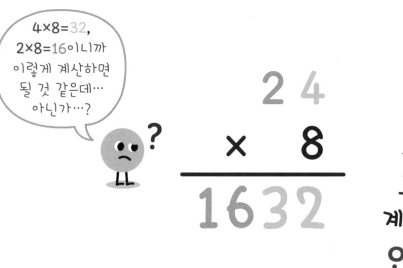

말풍선: 4×8=32, 2×8=16이니까 이렇게 계산하면 될 것 같은데… 아닌가…?

? × 8
2 4
× 8
1632

그렇게 계산하면 안 돼!

2 4
× 8
———

보다 큰

2 4
× 1 0
———
2 4 0

24×10=240인데,
24×8=1632가 될 리 없겠지~

이제부터 **바르게 계산**하는 **방법**을 알려줄게!

▶ 개념 익히기 1

63×7에 대한 설명으로 옳은 것에 ○표, 틀린 것에 ×표 하세요.

1

63개씩 7묶음입니다. (○)

2

63을 7번 곱한 것입니다. (   )

3

계산 결과가 63×10보다 작습니다. (   )

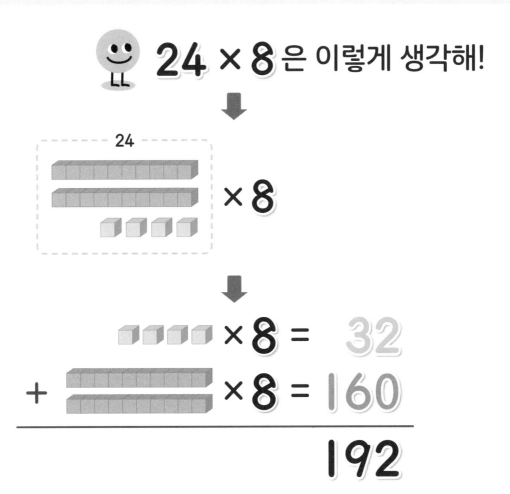

24 × 8 은 이렇게 생각해!

개념 익히기 2

빈칸을 알맞게 채우세요.

1

59×4

$$9 \times 4 = \boxed{36}$$
$$50 \times 4 = \boxed{200}$$

$+ \rightarrow \boxed{236}$

2

36×7

$$\boxed{} \times 7 = \boxed{}$$
$$\boxed{} \times 7 = \boxed{}$$

$+ \rightarrow \boxed{}$

3

43×8

$$\boxed{} \times 8 = \boxed{}$$
$$\boxed{} \times 8 = \boxed{}$$

$+ \rightarrow \boxed{}$

올림이 있는 곱셈 (2)

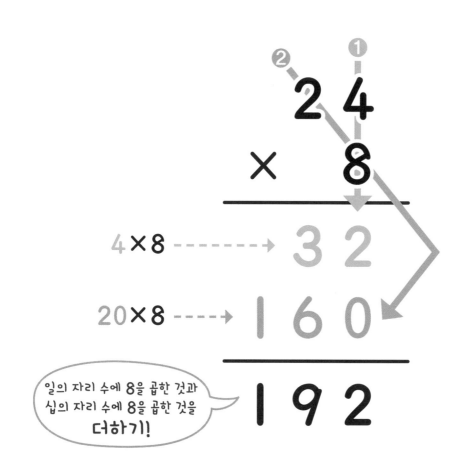

$4 × 8$ ----→ 3 2

$20 × 8$ ----→ 1 6 0

일의 자리 수에 8을 곱한 것과
십의 자리 수에 8을 곱한 것을
더하기!

1 9 2

▶ **개념 익히기 1**

빈칸을 알맞게 채우세요.

1

```
    3 2
  ×   7
  ┌───┐
  │1 4│
  ├───┤
  │2 1 0│
  └───┘
  ┌───┐
  │2 2 4│
  └───┘
```

2

```
    8 4
  ×   9
  ┌───┐
  │   │
  └───┘
  ┌───┐
  │   │
  └───┘
  ┌───┐
  │   │
  └───┘
```

3

```
    5 8
  ×   6
  ┌───┐
  │   │
  └───┘
  ┌───┐
  │   │
  └───┘
  ┌───┐
  │   │
  └───┘
```

▶ 정답 및 해설 10쪽

3408

24×8을 간단히 계산하는 방법

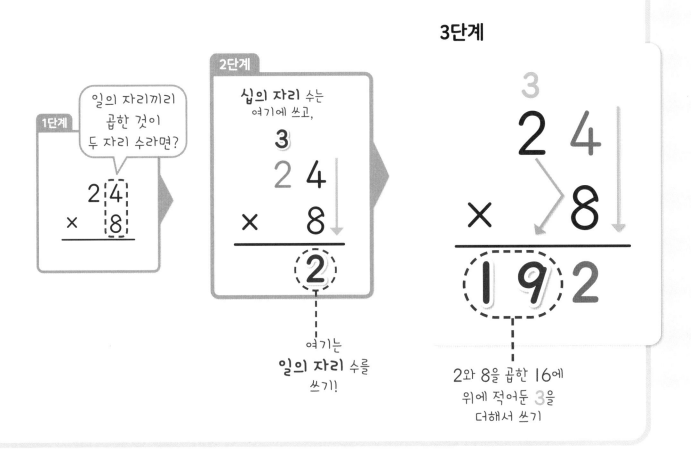

3단계

1단계

일의 자리끼리 곱한 것이 두 자리 수라면?

```
  2 4
×   8
```

2단계

십의 자리 수는 여기에 쓰고,

```
  3
  2 4
×   8
────
    2
```

여기는 **일의 자리** 수를 쓰기!

```
  3
  2 4
×   8
────
1 9 2
```

2와 8을 곱한 16에 위에 적어둔 3을 더해서 쓰기

▶ **개념 익히기 2**

빈칸을 알맞게 채우세요.

1

```
  1
  6 3
×   4
────
2 5 2
```

2

```
  □
  4 8
×   3
────
1 4 □
```

3

```
  □
  2 5
×   7
────
1 7 □
```

빈칸을 알맞게 채우세요.

1

$$
\begin{array}{r}
\overset{3}{4}\,6 \\
\times\ \ 6 \\
\hline
\boxed{2\ 7}\,6
\end{array}
$$

↑
24+3

2

$$
\begin{array}{r}
\overset{2}{8}\,3 \\
\times\ \ 9 \\
\hline
\boxed{\ \ }\,7
\end{array}
$$

↑
72+□

3

$$
\begin{array}{r}
\overset{2}{6}\,5 \\
\times\ \ 4 \\
\hline
\boxed{\ \ }\,0
\end{array}
$$

↑
□+2

4

$$
\begin{array}{r}
\overset{4}{5}\,8 \\
\times\ \ 6 \\
\hline
\boxed{\ \ }\,8
\end{array}
$$

↑
30+□

5

$$
\begin{array}{r}
\overset{1}{3}\,2 \\
\times\ \ 7 \\
\hline
\boxed{\ \ }\,4
\end{array}
$$

↑
□+1

6

$$
\begin{array}{r}
\overset{\boxed{\ }}{4}\,9 \\
\times\ \ 3 \\
\hline
\boxed{\ \ }\,7
\end{array}
$$

↑
12+□

▶ 개념 다지기 2

빈칸을 채우며 계산해 보세요.

1

```
    ┌─┐
    │1│
  5  3
×    4
─────────
2  1  2
```

2

```
    ┌─┐
    │ │
  3  4
×    6
─────────
```

3

```
    ┌─┐
    │ │
  2  6
×    7
─────────
```

4

```
    ┌─┐
    │ │
  4  5
×    3
─────────
```

5

```
    ┌─┐
    │ │
  7  8
×    4
─────────
```

6

```
    ┌─┐
    │ │
  9  7
×    5
─────────
```

▶ 개념 마무리 1

빈칸을 알맞게 채우세요.

1
```
      5
    4 8
  ×   7
  ───────
  3 3 6
```

2
```
    □ 7
  ×   8
  ───────
  4 5 □
```

3
```
    5 2
  ×   □
  ───────
  4 □ 8
```

4
```
    7 □
  ×   7
  ───────
  5 2 □
```

5
```
    1 □
  ×   6
  ───────
  1 1 □
```

6
```
    □ 5
  ×   9
  ───────
  7 6 □
```

▶ 정답 및 해설 11~12쪽

▶ 개념 마무리 2

주어진 상황에 알맞은 곱셈식을 쓰고 답을 구하세요.

1

한 묶음에 **75**장씩 들어있는 색종이를 **5**묶음 샀습니다.
산 색종이는 모두 몇 장일까요?

식 ___ **75 × 5 = 375** ___ 답 ___ **375** ___ 장

2

과일 가게에 귤이 한 상자에 **56**개씩 들어있습니다.
3상자에는 귤이 모두 몇 개 들어있을까요?

식 ___ 답 ___ 개

3

책꽂이 한 층에는 과학 월간지를 **43**권 꽂을 수 있습니다.
책꽂이 **4**개의 층에 과학 월간지만 꽂는다면 모두 몇 권 꽂을 수 있을까요?

식 ___ 답 ___ 권

4

사탕을 **52**개씩 **8**통에 담았습니다. 담은 사탕은 모두 몇 개일까요?

식 ___ 답 ___ 개

5

진이는 책을 하루에 **29**쪽씩 읽습니다.
일주일 동안 몇 쪽을 읽을 수 있을까요?

식 ___ 답 ___ 쪽

지금까지 '(두 자리 수)×(한 자리 수)'에 대해 살펴보았습니다.
얼마나 제대로 이해했는지 확인해 봅시다.

1

빈칸을 알맞게 채우시오.

$10 \times 3 = \boxed{}$ $\qquad$ $10 \times \boxed{} = 60$

$10 \times 8 = \boxed{}$ $\qquad$ $10 \times \boxed{} = 50$

2

의미가 다른 하나를 찾아 기호를 쓰시오.

> ㉠ $42 + 42 + 42 + 42 + 42$
> ㉡ 42씩 6묶음
> ㉢ 42의 6배

3

계산 결과가 더 큰 것에 ○표 하시오.

38×6 $\qquad$ 74×3

4

빈칸을 알맞게 채우시오.

$$\begin{array}{r} \boxed{}\,4 \\ \times \quad 6 \\ \hline 5\;6\;\boxed{} \end{array}$$

5

빈칸에 알맞은 수를 쓰시오.

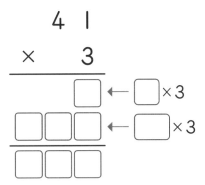

6

빈칸에 알맞은 수를 쓰시오.

7

곱셈을 바르게 계산한 친구의 이름에 ◯표 하시오.

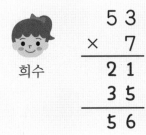

희수

$$\begin{array}{r} 53 \\ \times7 \\ \hline 21 \\ 35 \\ \hline 56 \end{array}$$

$$\begin{array}{r} 53 \\ \times7 \\ \hline 21 \\ 350 \\ \hline 371 \end{array}$$

 태오

8

한 변의 길이가 39 cm이고, 네 변의 길이가 같은 사각형이 있습니다.

곱셈식을 이용하여 이 사각형의 네 변의 길이의 합을 구하시오.

식 _____ 답 _____ cm

서술형으로 확인 🖉

▶ 정답 및 해설 40쪽

1 세로로 계산한 것을 보고 틀린 곳을 찾아 바르게 고치세요.
(힌트: 43쪽)

$$\begin{array}{r} 3\ 6 \\ \times\quad 7 \\ \hline 2\ 1\ 4\ 2 \end{array}$$ ➡

2 빨간색으로 나타낸 숫자가 무엇을 의미하는지 설명해 보세요.
(힌트: 42, 43쪽)

$$\begin{array}{r} {\scriptstyle 1} \\ 4\ 5 \\ \times\quad 3 \\ \hline 1\ 3\ 5 \end{array}$$

의미:
....

....

....

3 54×4를 여러 가지 방법으로 계산해 보세요. (힌트: 42, 43쪽)

방법 ①

방법 ②

 잠깐! 서술형으로 쓰기 어려워? 그럼 앞에서 배운 걸 떠올려 봐. 앞에서 찾아보고 적어도 좋아!

틀린 그림 찾기

현재 우리가 사용하는 곱하기 기호 ✕는 1631년 영국의 수학자 윌리엄 오트레드의 책 〈수학의 열쇠〉에서 처음 사용됐어. 이 책은 수학 기호의 역사에서 무척 중요한 책이야. 안타깝게도, 오트레드가 어떻게 ✕기호를 만들게 되었는지에 대해서는 정확히 밝혀지지 않았다고 해. 영국 국기를 따서 만들었다는 설도 있고, 십자가의 모양에서 따왔다는 이야기도 있지. 수학 기호를 연구 중인 윌리엄 오트레드의 방 그림에서 틀린 곳 5군데를 찾아봐!

< 윌리엄 오트레드(1574~1660)의 방 >

2

(세 자리 수)×(한 자리 수)

1단원에서
배운 내용

일의 자리부터
곱하고!

곱한 값이
두 자리 수이면
올림하기!

2단원에서
배울 내용

(세 자리 수) × (한 자리 수)
에 대해 알려줄게~

근데 곱셈에는 엄청 중요한 법칙이 있는 거
알고있니? 본격적인 계산에 앞서서
곱셈의 중요한 법칙부터 알려줄게.
자, 그럼 시작한다~

1 곱셈의 교환법칙

곱셈표를
대각선 \ 으로 접으면
만나는 수가 같네~

×	0	1	2	3	4	5	6	7	8	9
0	0	0	0	0	0	0	0	0	0	0
1	0	1	2	3	4	5	6	7	8	9
2	0	2	4	6	8	10	12	14	16	18
3	0	3	6	9	12	15	18	21	24	27
4	0	4	8	12	16	20	24	28	32	36
5	0	5	10	15	20	25	30	35	40	45
6	0	6	12	18	24	30	36	42	48	54
7	0	7	14	21	28	35	42	49	56	63
8	0	8	16	24	32	40	48	56	64	72
9	0	9	18	27	36	45	54	63	72	81

$$4 \times 2 = 2 \times 4$$

우리는 곱이 8로 같지!

▶ 개념 익히기 1

빈칸을 알맞게 채우세요.

1

$4 \times 5 = 5 \times \boxed{4}$

2

$6 \times \boxed{} = 8 \times 6$

3

$9 \times 3 = \boxed{} \times 9$

▶ 정답 및 해설 14쪽

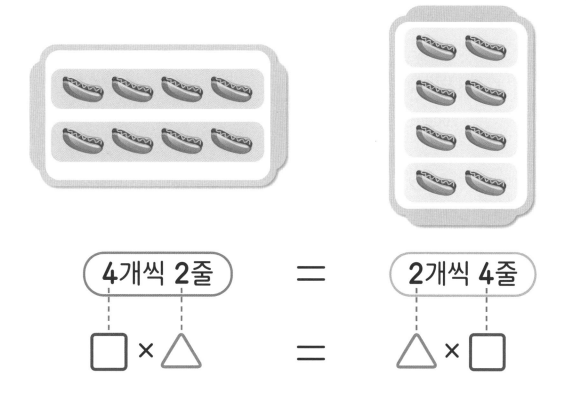

4개씩 **2**줄 = **2**개씩 **4**줄

□ × △ = △ × □

곱셈은 순서를 바꿔서 계산해도 되지~

이것을 **곱셈의 교환법칙** 이라고 해!

▶ 개념 익히기 2

관계있는 것끼리 선으로 이으세요.

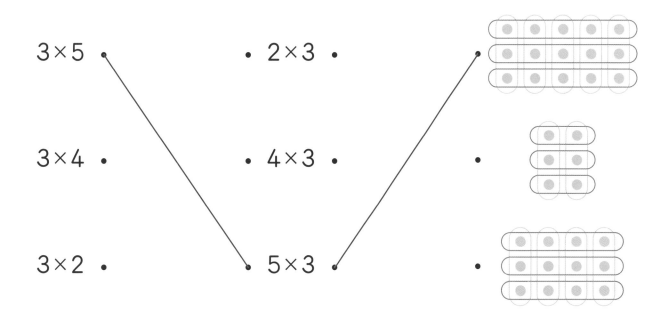

3×5 ·   · 2×3 ·

3×4 ·   · 4×3 ·

3×2 ·   · 5×3 ·

2 (몇백)×(몇)

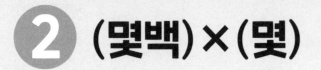

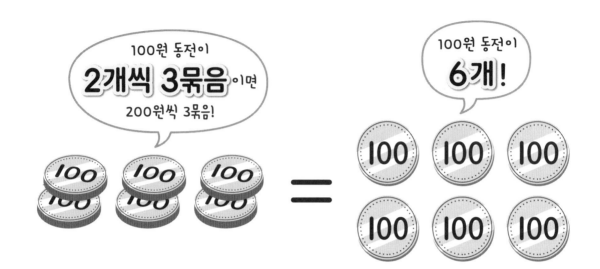

200을 3번 더하면?

$200 \times 3 = 600$

▶ 개념 익히기 1

곱셈식으로 나타내세요.

1

200씩 5묶음 ➡ 200×5

2

600의 4배 ➡

3

400을 8번 더하기 ➡

(몇백)×(몇)의 계산 방법

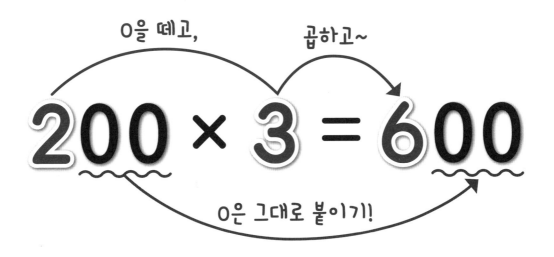

0을 떼고,　곱하고~

$$200 \times 3 = 600$$

0은 그대로 붙이기!

(몇)×(몇백)도 같은 방법으로 계산해!

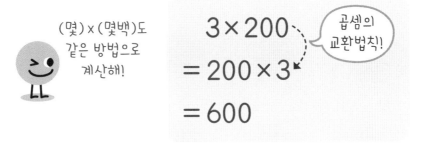

곱셈의 교환법칙!

3×200
$= 200 \times 3$
$= 600$

▶ **개념 익히기 2**

0을 떼고 곱하는 두 수에 ○표 하세요.

1

③00×⑤=1500

2

700×8=5600

3

9×900=8100

관계있는 것끼리 선으로 이으세요.

600×5 •————————————• 3000

7×300 •

800×3 •

                              • 2100

5×600 •

3×800 •

                              • 2400

300×7 •

● 개념 다지기 2

계산해 보세요.

1

$$3 \times 2 = 6$$

$$30 \times 2 = 60$$

$$300 \times 2 = 600$$

2

$$4 \times 2 =$$

$$40 \times 2 =$$

$$400 \times 2 =$$

3

$$9 \times 5 =$$

$$90 \times 5 =$$

$$900 \times 5 =$$

4

$$8 \times 8 =$$

$$80 \times 8 =$$

$$800 \times 8 =$$

5

$$5 \times 4 =$$

$$50 \times 4 =$$

$$500 \times 4 =$$

6

$$9 \times 7 =$$

$$90 \times 7 =$$

$$900 \times 7 =$$

빈칸에 알맞은 수를 쓰세요.

1

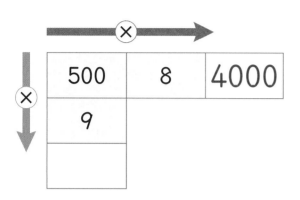

×		
500	8	4000
9		

2

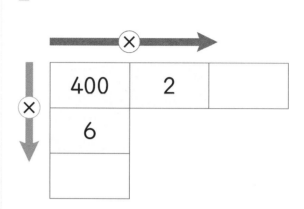

×		
400	2	
6		

3

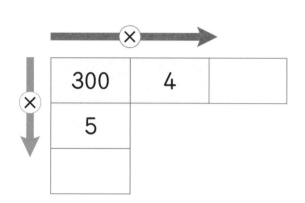

×		
300	4	
5		

4

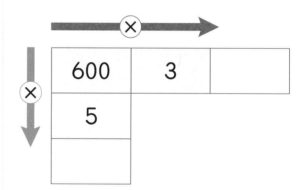

×		
600	3	
5		

5

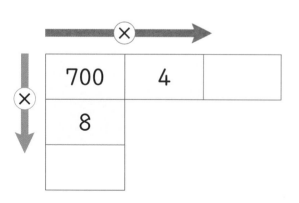

×		
700	4	
8		

6

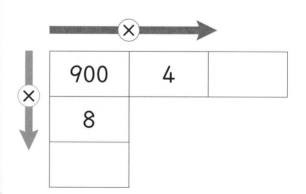

×		
900	4	
8		

▶ 개념 마무리 2

빈칸에 알맞은 수를 쓰세요.

1

$$6 \times \boxed{5\ 0\ 0} = 3000$$

2

$$\boxed{} \times 7 = 4900$$

3

$$\boxed{} \times 9 = 5400$$

4

$$5 \times \boxed{} = 2000$$

5

$$\boxed{} \times 6 = 4200$$

6

$$2 \times \boxed{} = 1000$$

③ (몇백몇십) × (몇)

 방법① 0 떼고 곱하기

$$230 \times 3$$

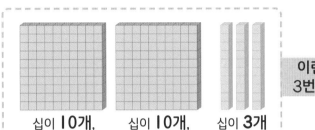

십이 10개,   십이 10개,   십이 3개

이런 것이 3번이니까,

십이
23개씩 3번!

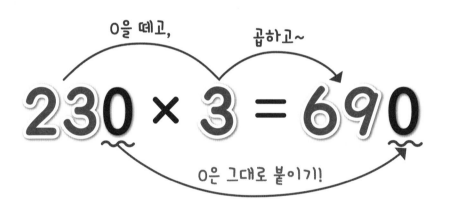

0을 떼고,   곱하고~

$$230 \times 3 = 690$$

0은 그대로 붙이기!

▶ **개념 익히기 1**

빈칸을 알맞게 채우세요.

1

$$440 \times 2 = 88\boxed{0}$$

2

$$310 \times 3 = 93\boxed{}$$

3

$$510 \times 8 = 408\boxed{}$$

▶ 정답 및 해설 16쪽

방법❷ **따로따로 곱하기** 230×3

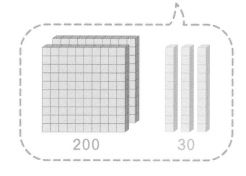

이런 것이
3번!

$$30 \times 3 = 90$$
$$200 \times 3 = 600$$
$$\overline{690}$$

▶ **개념 익히기 2**

빈칸을 알맞게 채우세요.

1	2	3
450×3	740×8	160×6
⬇	⬇	⬇
50을 3 번, 400을 3 번 더한 것	☐을 8번, ☐을 8번 더한 것	60을 ☐번, ☐을 6번 더한 것

빈칸을 알맞게 채우세요.

1

$$220 \times 4$$

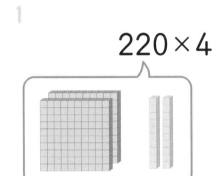

$$20 \times 4 = \boxed{80}$$
$$200 \times 4 = \boxed{800}$$

➡ $220 \times 4 = \boxed{880}$

2

$$230 \times 2$$

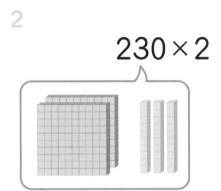

$$30 \times 2 = \boxed{}$$
$$200 \times 2 = \boxed{}$$

➡ $230 \times 2 = \boxed{}$

3

$$110 \times 6$$

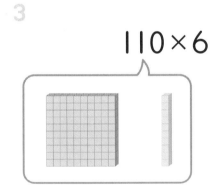

$$10 \times 6 = \boxed{}$$
$$100 \times 6 = \boxed{}$$

➡ $110 \times 6 = \boxed{}$

4

$$310 \times 5$$

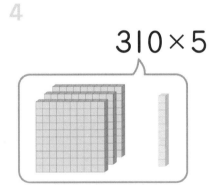

$$10 \times 5 = \boxed{}$$
$$300 \times 5 = \boxed{}$$

➡ $310 \times 5 = \boxed{}$

▶ 개념 다지기 2

빈칸을 알맞게 채우세요.

1

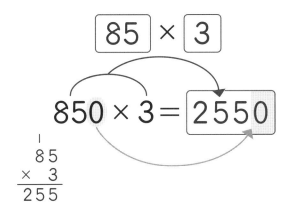

$$\boxed{85} \times \boxed{3}$$

$$850 \times 3 = \boxed{2550}$$

$$\begin{array}{r} 1 \\ 8\,5 \\ \times \quad 3 \\ \hline 2\,5\,5 \end{array}$$

2

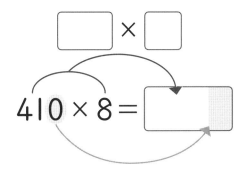

$$\boxed{} \times \boxed{}$$

$$410 \times 8 = \boxed{}$$

3

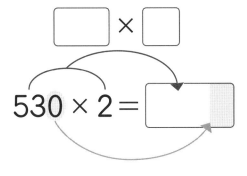

$$\boxed{} \times \boxed{}$$

$$530 \times 2 = \boxed{}$$

4

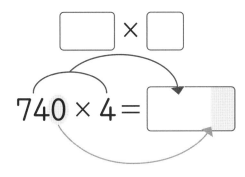

$$\boxed{} \times \boxed{}$$

$$740 \times 4 = \boxed{}$$

5

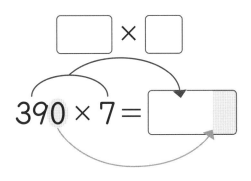

$$\boxed{} \times \boxed{}$$

$$390 \times 7 = \boxed{}$$

6

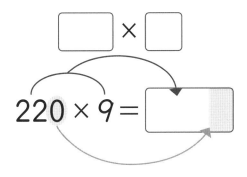

$$\boxed{} \times \boxed{}$$

$$220 \times 9 = \boxed{}$$

계산해 보세요.

1

$$670 \times 3 = 2010$$

$$\begin{array}{r} \overset{2}{6}\,7 \\ \times\ \ \ 3 \\ \hline 2\ 0\ 1 \end{array}$$

2

$$360 \times 2 =$$

3

$$430 \times 5 =$$

4

$$910 \times 7 =$$

5

$$280 \times 3 =$$

6

$$150 \times 9 =$$

▶ 개념 마무리 2

주어진 상황에 알맞은 곱셈식을 쓰고 답을 구하세요.

1

미니 바이킹은 1번 탈 때 500원짜리 동전을 4개 넣어야 합니다. 미니 바이킹을 1번 타려면 얼마가 필요할까요?

식 $500 \times 4 = 2000$ 답 <u>2000</u> 원

2

좌석이 480개인 소극장에서 빈자리 없이 공연을 3번 했습니다. 관객 수는 모두 몇 명이었을까요?

식 _____   답 _____ 명

3

재아는 270 cm짜리 리본을 5개 가지고 있습니다. 재아가 가지고 있는 리본의 총 길이는 몇 cm일까요?

식 _____   답 _____ cm

4

하윤이는 심부름을 할 때마다 용돈을 900원씩 받습니다.
지난주에 심부름을 4번 했다면 하윤이가 받은 용돈은 얼마였을까요?

식 _____   답 _____ 원

5

현우는 매일 줄넘기를 120개씩 합니다. 일주일 동안 줄넘기를 했다면 모두 몇 개를 했을까요?

식 _____   답 _____ 개

6

준모네 가족은 1인분에 360 g인 파스타를 3인분 먹었습니다. 준모네 가족이 먹은 파스타는 모두 몇 g일까요?

식 _____   답 _____ g

(세 자리 수)×(한 자리 수) (1)

☆ 132 × 3

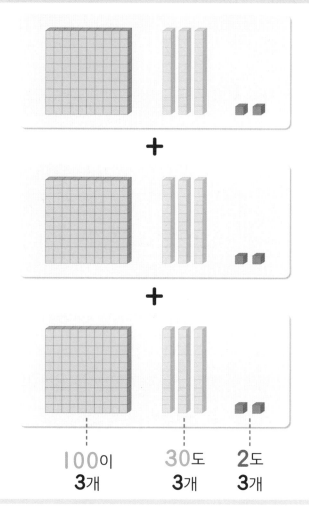

100이
3개

30도
3개

2도
3개

▶ 개념 익히기 1

빈칸을 알맞게 채우세요.

1

$248 + 248 + 248 = 248 \times \boxed{3}$

2

$345 + 345 + 345 + 345 = 345 \times \boxed{}$

3

$637 + 637 + 637 + 637 + 637 = 637 \times \boxed{}$

▶ 정답 및 해설 17쪽

☆ **132 × 3 = ?** (세로로 써서 계산하면 실수를 줄일 수 있어요.)

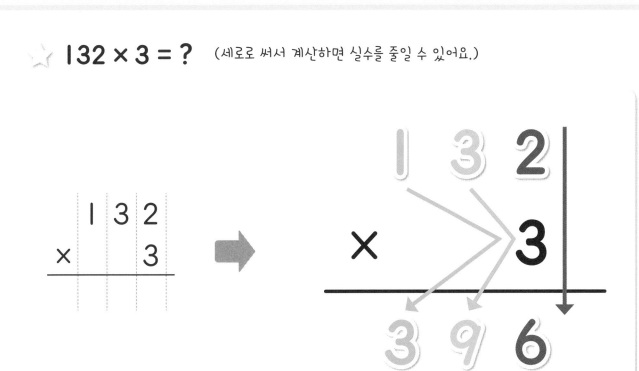

세로로 같은 자리끼리 맞추어 쓰고,

백의 자리와 곱한 것은 백의 자리에!

십의 자리와 곱한 것은 십의 자리에!

일의 자리와 곱한 것은 일의 자리에!

▶ **개념 익히기 2**

주어진 곱셈식을 세로로 쓰세요. (계산은 안 해도 됩니다.)

1 129×4 2 357×8 3 463×5

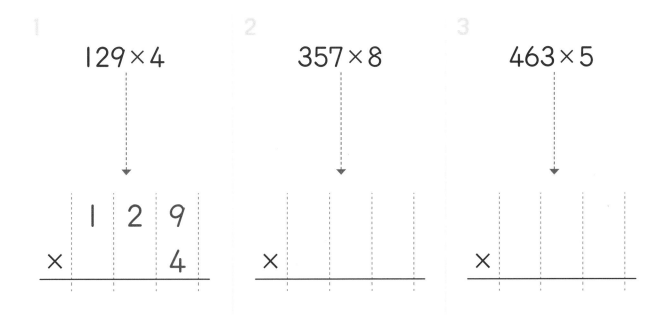

빈칸을 알맞게 채우세요.

곱셈

1

$$342 + 342 + 342 + 342$$

$$= \boxed{342} \times \boxed{4} \longleftarrow$$

300씩 $\boxed{4}$개와

40씩 $\boxed{}$개와

2씩 $\boxed{}$개의 합

2

$$819 + 819 + 819 + 819 + 819 + 819$$

$$= \boxed{} \times \boxed{} \longleftarrow$$

800씩 $\boxed{}$개와

$\boxed{}$씩 $\boxed{}$개와

$\boxed{}$씩 $\boxed{}$개의 합

3

$$675 + 675 + 675 + 675 + 675 + 675 + 675$$

$$= \boxed{} \times \boxed{} \longleftarrow$$

$\boxed{}$씩 **7**개와

$\boxed{}$씩 **7**개와

$\boxed{}$씩 **7**개의 합

개념 다지기 2

계산해 보세요.

1

$$
\begin{array}{r}
1\ 2\ 2 \\
\times\quad\ \ 4 \\
\hline
4\ 8\ 8
\end{array}
$$

2

$$
\begin{array}{r}
3\ 4\ 1 \\
\times\quad\ \ 2 \\
\hline
\end{array}
$$

3

$$
\begin{array}{r}
2\ 1\ 3 \\
\times\quad\ \ 3 \\
\hline
\end{array}
$$

4

$$
\begin{array}{r}
4\ 2\ 4 \\
\times\quad\ \ 2 \\
\hline
\end{array}
$$

5

$$
\begin{array}{r}
2\ 1\ 1 \\
\times\quad\ \ 4 \\
\hline
\end{array}
$$

6

$$
\begin{array}{r}
3\ 3\ 2 \\
\times\quad\ \ 3 \\
\hline
\end{array}
$$

안의 수가 나타내는 값은 어떤 두 수를 곱한 것인지 쓰세요.

1

$$\begin{array}{r} 1\,2\,3 \\ \times\quad 3 \\ \hline 3\,6\,9 \end{array}$$

↓

$\boxed{100} \times \boxed{3}$

2

$$\begin{array}{r} 1\,1\,2 \\ \times\quad 4 \\ \hline 4\,4\,8 \end{array}$$

↓

$\boxed{} \times \boxed{}$

3

$$\begin{array}{r} 3\,4\,4 \\ \times\quad 2 \\ \hline 6\,8\,8 \end{array}$$

↓

$\boxed{} \times \boxed{}$

4

$$\begin{array}{r} 3\,1\,2 \\ \times\quad 3 \\ \hline 9\,3\,6 \end{array}$$

↓

$\boxed{} \times \boxed{}$

5

$$\begin{array}{r} 2\,2\,3 \\ \times\quad 3 \\ \hline 6\,6\,9 \end{array}$$

↓

$\boxed{} \times \boxed{}$

6

$$\begin{array}{r} 3\,2\,1 \\ \times\quad 4 \\ \hline 1\,2\,8\,4 \end{array}$$

↓

$\boxed{} \times \boxed{}$

● 개념 마무리 2

빈칸에 알맞은 수를 쓰세요.

1

$$
\begin{array}{r}
2\ 2\ 1 \\
\times \qquad \boxed{4} \\
\hline
\boxed{8}\ 8\ 4
\end{array}
$$

2

$$
\begin{array}{r}
\boxed{\ }\ 4\ 3 \\
\times \qquad 2 \\
\hline
4\ 8\ \boxed{\ }
\end{array}
$$

3

$$
\begin{array}{r}
1\ 3\ 1 \\
\times \qquad \boxed{\ } \\
\hline
3\ \boxed{\ }\ 3
\end{array}
$$

4

$$
\begin{array}{r}
2\ \boxed{\ }\ 2 \\
\times \qquad 4 \\
\hline
8\ 4\ \boxed{\ }
\end{array}
$$

5

$$
\begin{array}{r}
4\ 2\ \boxed{\ } \\
\times \qquad 2 \\
\hline
\boxed{\ }\ 4\ 8
\end{array}
$$

6

$$
\begin{array}{r}
3\ \boxed{\ }\ 1 \\
\times \qquad 3 \\
\hline
\boxed{\ }\ 6\ \boxed{\ }
\end{array}
$$

 124 × 3은?

```
    1 2 4
  ×     3
  -------
      1 2  ········· 4 × 3
      6 0  ········ 20 × 3
    3 0 0  ······· 100 × 3
  -------
    3 7 2
```

▶ 개념 익히기 1

빈칸을 알맞게 채우세요.

1
```
    1 1 6
  ×     6
  -------
      3 6
      6 0
    6 0 0
  -------
    696
```

2
```
    2 1 8
  ×     4
  -------
      3 2
      4 0
    8 0 0
  -------
```

3
```
    3 3 9
  ×     2
  -------
      1 8
      6 0
    6 0 0
  -------
```

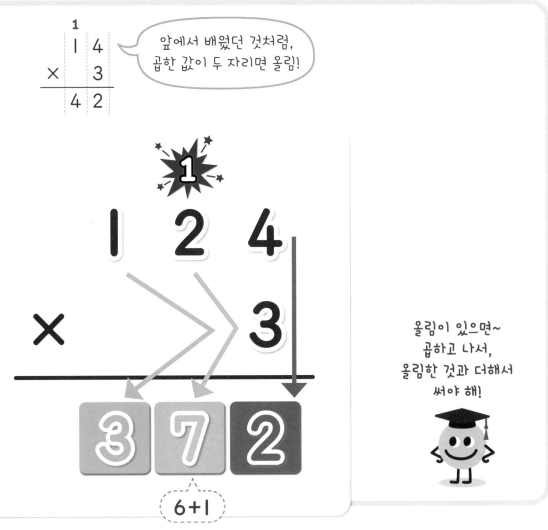

앞에서 배웠던 것처럼,
곱한 값이 두 자리면 올림!

올림이 있으면~
곱하고 나서,
올림한 것과 더해서
써야 해!

6+1

▶ **개념 익히기 2**

빈칸을 알맞게 채우세요.

1

$$
\begin{array}{r}
\boxed{1} \\
1\ 2\ 3 \\
\times\quad\ \ 4 \\
\hline
4\ 9\ \boxed{2}
\end{array}
$$

2

$$
\begin{array}{r}
\boxed{} \\
3\ 2\ 8 \\
\times\quad\ \ 3 \\
\hline
9\ 8\ \boxed{}
\end{array}
$$

3

$$
\begin{array}{r}
\boxed{} \\
1\ 1\ 4 \\
\times\quad\ \ 7 \\
\hline
7\ 9\ \boxed{}
\end{array}
$$

▶ 개념 다지기 1

빈칸을 알맞게 채우세요.

1

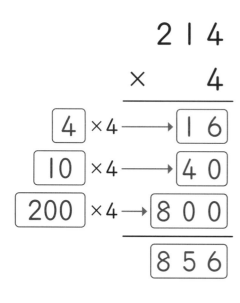

$$
\begin{array}{r}
2\,1\,4 \\
\times \quad 4 \\
\hline
\end{array}
$$

$4 \times 4 \longrightarrow 1\,6$

$10 \times 4 \longrightarrow 4\,0$

$200 \times 4 \longrightarrow 8\,0\,0$

$8\,5\,6$

2

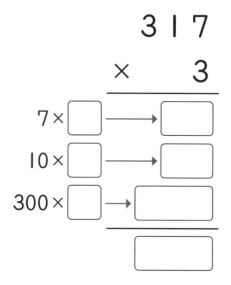

$$
\begin{array}{r}
3\,1\,7 \\
\times \quad 3 \\
\hline
\end{array}
$$

$7 \times \boxed{} \longrightarrow \boxed{}$

$10 \times \boxed{} \longrightarrow \boxed{}$

$300 \times \boxed{} \longrightarrow \boxed{}$

3

$$
\begin{array}{r}
3\,2\,5 \\
\times \quad 2 \\
\hline
\end{array}
$$

$\boxed{} \times 2 \longrightarrow \boxed{}$

$\boxed{} \times 2 \longrightarrow \boxed{}$

$\boxed{} \times 2 \longrightarrow \boxed{}$

4

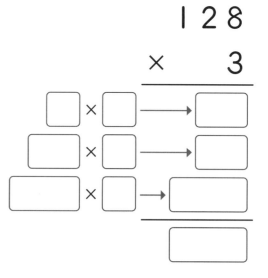

$$
\begin{array}{r}
1\,2\,8 \\
\times \quad 3 \\
\hline
\end{array}
$$

$\boxed{} \times \boxed{} \longrightarrow \boxed{}$

$\boxed{} \times \boxed{} \longrightarrow \boxed{}$

$\boxed{} \times \boxed{} \longrightarrow \boxed{}$

▶ 정답 및 해설 21쪽

▶ 개념 다지기 2

관계있는 것끼리 선으로 이으세요.

319×2 •————————————• 18+20+600

136×3 • • 12+40+600

224×3 • • 18+60+600

113×6 • • 18+90+300

326×2 • • 12+60+600

계산해 보세요.

1

$$
\begin{array}{r}
\boxed{3} \\
1\ 0\ 5 \\
\times \qquad 6 \\
\hline
\boxed{6}\ \boxed{3}\ \boxed{0}
\end{array}
$$

2

$$
\begin{array}{r}
\square \\
3\ 1\ 6 \\
\times \qquad 3 \\
\hline
\square\ \square\ \square
\end{array}
$$

3

$$
\begin{array}{r}
\square \\
2\ 2\ 3 \\
\times \qquad 4 \\
\hline
\square\ \square\ \square
\end{array}
$$

4

$$
\begin{array}{r}
\square \\
3\ 0\ 9 \\
\times \qquad 3 \\
\hline
\square\ \square\ \square
\end{array}
$$

5

$$
\begin{array}{r}
4\ 3\ 7 \\
\times \qquad 2 \\
\hline
\end{array}
$$

6

$$
\begin{array}{r}
1\ 1\ 2 \\
\times \qquad 8 \\
\hline
\end{array}
$$

▶ 개념 마무리 2

주어진 곱셈식을 세로로 쓰고, 계산해 보세요.

1

217×4

```
        2
    2   1   7
  ×         4
    8   6   8
```

2

315×3

3

328×2

4

109×5

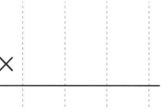

5

218×4

(세 자리 수)×(한 자리 수) (3)

 581×4는?

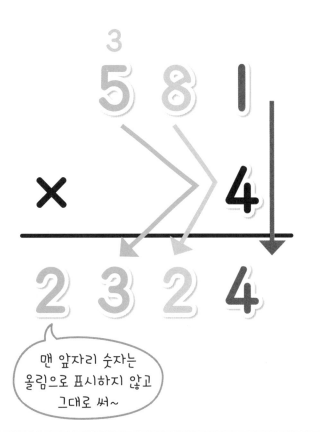

맨 앞자리 숫자는
올림으로 표시하지 않고
그대로 써~

세로로 곱하는 방법

① 일의 자리 수와 먼저
   곱하기

② 곱한 값이 두 자리 수
   로 나오면 올림하기

③ 올림한 수는 더해서
   쓰기

▶ 개념 익히기 1

빈칸을 알맞게 채우세요.

1   2   3

1
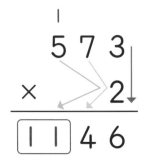

3

4
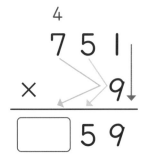

올림이 여러 번 나오는 곱셈

628 × 4

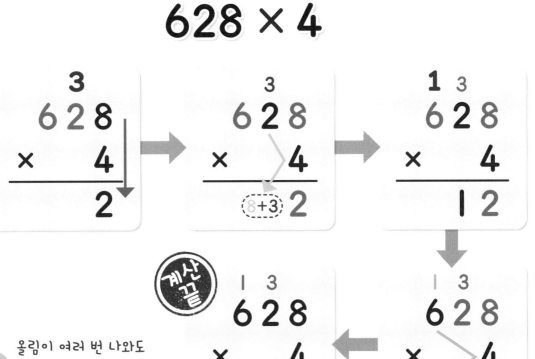

올림이 여러 번 나와도
빠뜨리지 말고
꼭 더해서 써야 해~

▶ 개념 익히기 2

빈칸에 올림한 수를 알맞게 쓰세요.

1

```
   4 5 8
 ×     6
 2 7 4 8
```

2

```
 □□
   3 2 5
 ×     7
 2 2 7 5
```

3

```
 □□
   7 8 5
 ×     5
 3 9 2 5
```

▶ 개념 다지기 1

빈칸을 알맞게 채우세요.

1

$$
\begin{array}{r}
\boxed{1}\ \ \ \ \\
3\ 8\ 4 \\
\times\ \ \ \ \ 2 \\
\hline
\boxed{7}\boxed{6}\boxed{8}
\end{array}
$$

2

$$
\begin{array}{r}
\boxed{}\ \ \ \ \ \\
5\ 6\ 2 \\
\times\ \ \ \ \ 3 \\
\hline
\boxed{\ }\boxed{\ }\boxed{\ }\boxed{\ }
\end{array}
$$

3

$$
\begin{array}{r}
\boxed{\ }\boxed{\ }\ \ \\
5\ 3\ 8 \\
\times\ \ \ \ \ 4 \\
\hline
\boxed{\ }\boxed{\ }\boxed{\ }\boxed{\ }
\end{array}
$$

4

$$
\begin{array}{r}
\boxed{\ }\boxed{\ }\ \ \\
3\ 9\ 6 \\
\times\ \ \ \ \ 5 \\
\hline
\boxed{\ }\boxed{\ }\boxed{\ }\boxed{\ }
\end{array}
$$

5

$$
\begin{array}{r}
\boxed{\ }\boxed{\ }\ \ \\
5\ 6\ 7 \\
\times\ \ \ \ \ 6 \\
\hline
\boxed{\ }\boxed{\ }\boxed{\ }\boxed{\ }
\end{array}
$$

6

$$
\begin{array}{r}
\boxed{\ }\boxed{\ }\ \ \\
8\ 4\ 5 \\
\times\ \ \ \ \ 7 \\
\hline
\boxed{\ }\boxed{\ }\boxed{\ }\boxed{\ }
\end{array}
$$

▶ 정답 및 해설 22쪽

개념 다지기 2

계산해 보세요.

1

$$
\begin{array}{r}
{\scriptstyle 3\ 2} \\
3\ 5\ 4 \\
\times \quad 6 \\
\hline
2\ 1\ 2\ 4
\end{array}
$$

2

$$
\begin{array}{r}
6\ 4\ 3 \\
\times \quad 8 \\
\hline
\end{array}
$$

3

$$
\begin{array}{r}
1\ 9\ 7 \\
\times \quad 8 \\
\hline
\end{array}
$$

4

$$
\begin{array}{r}
4\ 8\ 3 \\
\times \quad 7 \\
\hline
\end{array}
$$

5

$$
\begin{array}{r}
2\ 9\ 7 \\
\times \quad 4 \\
\hline
\end{array}
$$

6

$$
\begin{array}{r}
8\ 6\ 4 \\
\times \quad 3 \\
\hline
\end{array}
$$

▶ 개념 마무리 1

빈칸을 알맞게 채우세요.

1
```
      2 4
    2 [4] 8
  ×     6
  1 4 8 8
```

2
```
    3 4 □
  ×     7
  2 4 4 3
```

3
```
    4 6 5
  ×     □
  1 3 9 5
```

4
```
    □ 1 2
  ×     8
  4 0 9 6
```

5
```
    7 □ 3
  ×     6
  4 3 3 □
```

6
```
    5 3 6
  ×     □
  4 8 2 4
```

▶ 개념 마무리 2

주어진 상황에 알맞은 곱셈식을 쓰고 답을 구하세요.

1

A 비행기의 좌석은 243개입니다.

이 비행기로 빈 좌석 없이 6번 운행했다면 탑승객은 모두 몇 명일까요?

식 $243 \times 6 = 1458$ 답   1458 명

2

빵 1개를 만들 때 밀가루가 425 g 필요합니다.

빵 8개를 만들려면 밀가루는 몇 g이 필요할까요?

식   답   g

3

방울토마토가 한 상자에 187개씩 들어있습니다.

3상자에는 방울토마토가 모두 몇 개 들어있을까요?

식   답   개

4

물티슈 1팩은 213 g입니다. 물티슈 8팩은 모두 몇 g일까요?

식   답   g

5

우리 집에서 태린이네 집까지의 거리는 876 m입니다.

우리 집에서 태린이네 집을 왕복했다면 이동한 거리는 몇 m일까요?

식   답   m

 단원 마무리

지금까지 '(세 자리 수)×(한 자리 수)'에 대해 살펴보았습니다.
얼마나 제대로 이해했는지 확인해 봅시다.

1

빈칸에 알맞은 수를 쓰시오.

$$24 \times 5 = 5 \times \boxed{}$$

2

문장을 완성하고, 곱셈식으로 나타내시오.

100원짜리 동전이 7개씩 4묶음이면, 700원씩 $\boxed{}$묶음입니다.

➡ $\boxed{} \times \boxed{}$

3

(몇백몇십)×(몇)을 계산하려고 합니다. 관계있는 것끼리 선으로 이으시오.

760×4 •　　　　　　• 74×6

460×7 •　　　　　　• 46×7

740×6 •　　　　　　• 76×4

4

591×2의 값을 구하는 방법입니다. 빈칸을 알맞게 채우시오.

1 × $\boxed{}$ = $\boxed{}$

90 × $\boxed{}$ = $\boxed{}$ 　의 합

500 × $\boxed{}$ = $\boxed{}$

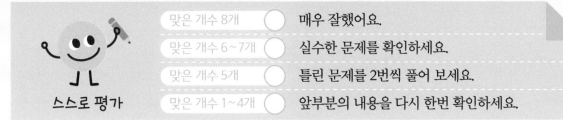
▶ 정답 및 해설 26쪽

5

264×3에 대하여 바르게 말한 사람의 이름에 ◯표 하시오.

지안 ◁ 264×3은 네 자리 수야.

264×3과 3×264는 계산 결과가 같아. ▷ 진우

하리 ◁ 264×264×264와 같아.

6

빈칸을 알맞게 채우시오.

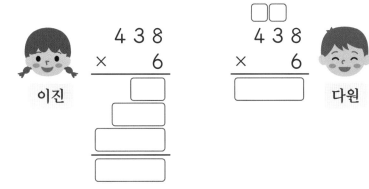

이진

$$\begin{array}{r} 4\ 3\ 8 \\ \times\quad\ 6 \\ \hline \square \\ \square \\ \square \\ \hline \square \end{array}$$

$$\begin{array}{r} \square\ \square \\ 4\ 3\ 8 \\ \times\quad\ 6 \\ \hline \square \end{array}$$

다원

7

학생이 더 많은 학교에 ◯표 하시오.

행복 초등학교

학생 수: 397×2(명)

기쁨 초등학교

학생 수: 113×7(명)

8

빵집에서 하루에 빵을 546개씩 굽습니다. 일주일 동안 빵을 몇 개 굽는지 곱셈식을 쓰고 답을 구하시오.

식 _____ 답 _____개

서술형으로 확인 ✏️

▶ 정답 및 해설 40쪽

1 아래 그림에 알맞은 곱셈식을 2개 쓰세요. (힌트: 55쪽)

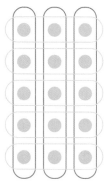

....

....

....

2 곱이 1600이 되는 곱셈식을 3개 쓰세요. (힌트: 57쪽)

....

....

....

3 986×7을 세로로 계산하고, 올림한 숫자들의 합을 구하세요.
(힌트: 80, 81쪽)

올림한 숫자들의 합

➡️

 **잠깐!** 서술형으로 쓰기 어려워? 그럼 앞에서 배운 걸 떠올려 봐! 앞에서 찾아보고 적어도 좋아!

덧셈을 곱셈으로 간단히 계산하기

- 1부터 10까지의 수를 모두 더하면 얼마가 될까?

$$1 + 2 + 3 + 4 + 5 + 6 + 7 + 8 + 9 + 10$$

1+2는 3인데, 거기에 3을 더하면 6이고 거기에 또 4를 더하면... 으~ 복잡해!

- 물론, 1, 2, 3, 4, ...를 차례로 더해도 되지. 하지만 더하는 순서를 조금 바꿔서 생각해보면 차례로 더하는 것보다 훨씬 쉽고 빠르게 계산할 수 있어!

$$1 + 2 + 3 + 4 + 5 + 6 + 7 + 8 + 9 + 10$$

제일 처음에 있는 1과 제일 마지막에 있는 10을 더하면 11

$$1 + 2 + 3 + 4 + 5 + 6 + 7 + 8 + 9 + 10$$

1, 10에서 하나씩 안쪽에 있는 2와 9를 더해도 11

$$1 + 2 + 3 + 4 + 5 + 6 + 7 + 8 + 9 + 10$$

⑪
⑪
⑪
⑪
⑪

같은 방법으로 수를 두 개씩 묶으면 11이 5번!

즉, 1부터 10까지의 수를 모두 더한 것은 11을 5번 더한 것과 같지~

$$1 + 2 + 3 + 4 + 5 + 6 + 7 + 8 + 9 + 10$$
$$= 11 \times 5 = 55$$

어때? 규칙을 찾아 곱셈을 이용하니 계산이 훨씬 간단하지? 위에서 설명한 방법을 이용해서 아래 문제를 풀어봐~

문제 91부터 100까지의 수를 모두 더하면 얼마일까?

$$91 + 92 + 93 + 94 + 95 + 96 + 97 + 98 + 99 + 100$$

3

세로 곱셈의
확장

곱셈의
만능 해결사!

이번 단원에서는 어마어마하게

중요한 내용을 알려줄 거야~

지금까지 배운 세로셈을 이용해서

모든 곱셈을 해결하는 강력한 방법이지!

자, 그럼 몇십을 곱하는 것부터 시작해 볼게~

① (몇십) × (몇십)

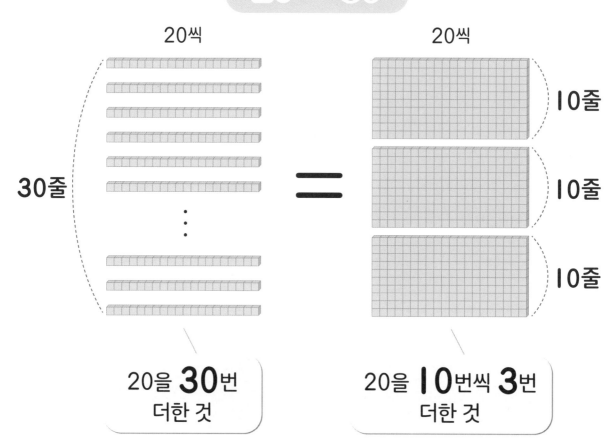

20 × 30

○ 개념 익히기 1

빈칸을 알맞게 채우세요.

1

20을 40번 더한 것

➡ 20을 10번씩, [4]번 더한 것

2

30을 60번 더한 것

➡ 30을 10번씩, [ ]번 더한 것

3

50을 30번 더한 것

➡ 50을 10번씩, [ ]번 더한 것

$$20 \times 30 = 20 + 20 + \cdots\cdots + 20 + 20$$

20을   30번
           더한 건,

10번   10번   10번
더하고,   더하고,   더하기!

$$= 20 \times 10 \ + \ 20 \times 10 \ + \ 20 \times 10$$

$$= 200 \ + \ 200 \ + \ 200$$

$$= 200 \times 3$$

$$= 600$$

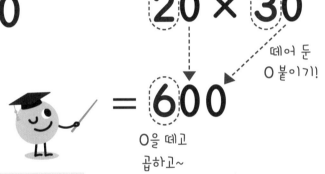

$$\boxed{20} \times \boxed{30}$$

떼어 둔
0 붙이기!

$$= \boxed{6}00$$

0을 떼고
곱하고~

▶ **개념 익히기 2**

0을 알맞게 쓰세요.

1

$$70 \times 80 = 56\underline{00}$$

2

$$90 \times 90 = 81\underline{}$$

3

$$40 \times 50 = 20\underline{}$$

빈칸을 알맞게 채우세요.

1

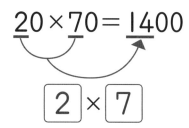

$$20 \times 70 = 1400$$

$$\boxed{2} \times \boxed{7}$$

2

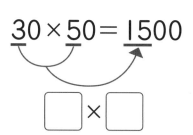

$$30 \times 50 = 1500$$

$$\boxed{} \times \boxed{}$$

3

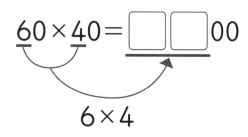

$$60 \times 40 = \boxed{}\boxed{}00$$

$$6 \times 4$$

4

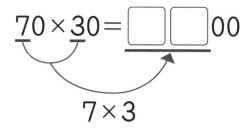

$$70 \times 30 = \boxed{}\boxed{}00$$

$$7 \times 3$$

5

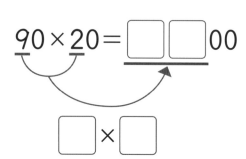

$$90 \times 20 = \boxed{}\boxed{}00$$

$$\boxed{} \times \boxed{}$$

6

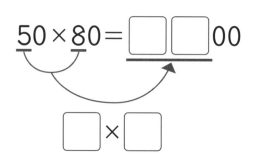

$$50 \times 80 = \boxed{}\boxed{}00$$

$$\boxed{} \times \boxed{}$$

▶ 정답 및 해설 27쪽

▶ 개념 다지기 2

계산해 보세요.

1

$$30 \times 90 = 2700$$

2

$$50 \times 60 =$$

3

$$40 \times 70 =$$

4

$$60 \times 30 =$$

5

$$90 \times 50 =$$

6

$$70 \times 80 =$$

▶ 개념 마무리 1

관계있는 것끼리 선으로 이으세요.

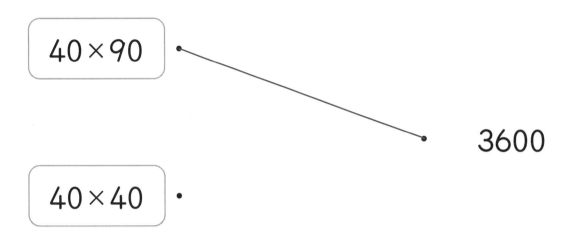

40×90 •　　　　　　　　• 3600

40×40 •

300×8 •

　　　　　　　　• 2400

40×60 •

600×6 •

　　　　　　　　• 1600

200×8 •

▶ 개념 마무리 2

빈칸을 알맞게 채우세요.

1

$$30 \times 90 = 30 + 30 + \cdots + 30$$

$\boxed{90}$ 번

2

$$40 \times 70 = 400 \times \boxed{}$$

3

60×80은 60을 10번씩, $\boxed{}$번 더한 것

4

50×30은 50×10을 $\boxed{}$번 더한 것

5

$$90 \times 70 = 70 \times \boxed{}$$

6

$$20 \times 80 = 40 \times \boxed{}$$

② 곱하기 몇십, 몇백, 몇천

$$37 \times 40$$

곱셈은,
같은 수를 여러 번
더하는 거였지~

$$= \underbrace{37 + 37 +}_{10번,} \cdots\cdots\cdots\cdots\cdots \underbrace{+ 37 + 37}_{10번}$$

10번,   10번,   10번,   10번

$$= \quad 370 \quad + \quad 370 \quad + \quad 370 \quad + \quad 370$$

$$= \quad 370 \times 4$$

$$= \quad 1480$$

(어떤 수) × (몇십)

$$\boxed{\diagbox{}{}}\ \boxed{0} = \boxed{\diagbox{}{}}\ \boxed{0} \times \boxed{\diagbox{}{}}$$

▶ **개념 익히기 1**

빈칸을 알맞게 채우세요.

1   2   3

$$18 \times 4 = 72$$ $$26 \times 3 = 78$$ $$32 \times 5 = 160$$

➡ $18 \times 40 = \boxed{720}$ ➡ $26 \times 30 = \boxed{}$ ➡ $32 \times 50 = \boxed{}$

▶ 정답 및 해설 28쪽

〰〰 × (몇백)

$$18 \times 300$$

$$= 18 + 18 + \cdots\cdots + 18 + 18$$

100번,   100번,   100번

$$= 1800 + 1800 + 1800$$

$$= 1800 \times 3$$

$$= \mathbf{5400}$$

〰〰 × (몇천)

$$18 \times 3000$$

$$= 18 + 18 + \cdots\cdots + 18 + 18$$

1000번,   1000번,   1000번

$$= 18000 + 18000 + 18000$$

$$= 18000 \times 3$$

$$= \mathbf{54000}$$

0이 붙은 수의 곱셈은?

0 떼고 곱하고, 떼어 둔 0 다시 붙이기!

▶ 개념 익히기 2

0을 알맞게 쓰세요.

1

$$16 \times 200 = 32\underline{00}$$

2

$$23 \times 4000 = 92\underline{}$$

3

$$31 \times 7000 = 217\underline{}$$

★ 0이 붙은 수의 곱셈을 세로로 계산할 때는~

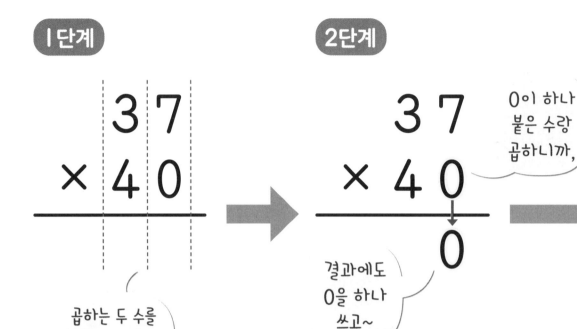

1단계

```
    3 7
  × 4 0
  ───────
```

곱하는 두 수를
같은 자리끼리
맞추어 쓰기!

2단계

```
    3 7
  × 4 0
  ───────
        0
```

0이 하나
붙은 수랑
곱하니까,

결과에도
0을 하나
쓰고~

▶ **개념 익히기 1**

세로로 바르게 계산한 것에 ○표 하세요.

1
```
    2 6
  × 4 0
  ───────
  8 2 4 0
```

```
    2 6
  × 4 0
  ───────
  1 0 4 0
```
(○표)

2
```
    3 2
  × 6 0
  ───────
  1 9 2 0
```

```
    3 2
  × 6 0
  ───────
  1 8 1 2
```

3
```
    1 4
  × 3 0
  ───────
    4 2 0
```

```
    1 4
  × 3 0
  ───────
  3 1 2 0
```

▶ 정답 및 해설 28쪽

3419

3단계

$$37 \times 40 = 1480$$

37 × 4를
계산한 것!

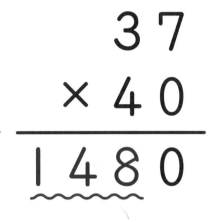

∿∿ × (0이 붙은 수)

$$
\begin{array}{r}
37 \\
\times\ 400 \\
\hline
14800
\end{array}
\qquad
\begin{array}{r}
37 \\
\times\ 4000 \\
\hline
148000
\end{array}
$$

그런데 실제로 하는 계산은
37 × 4니까~

37 × 4만 세로로 써서 계산하고,
떼어 둔 만큼 0을 다시 붙이면 되겠네!

LL

예 37 × 40000 = ?

$$
\begin{array}{r}
\overset{2}{3}7 \\
\times\ \ 4 \\
\hline
148
\end{array}
$$
→ 37 × 40000
= 1480000

▶ **개념 익히기 2**

계산해 보세요.

1

$$
\begin{array}{r}
24 \\
\times\ 30 \\
\hline
720
\end{array}
$$

2

$$
\begin{array}{r}
24 \\
\times\ 300 \\
\hline
\end{array}
$$

3

$$
\begin{array}{r}
24 \\
\times\ 3000 \\
\hline
\end{array}
$$

관계있는 것끼리 선으로 이으세요.

16 × 400	33 × 7
24 × 60	78 × 3
78 × 300	16 × 4
33 × 7000	24 × 6
92 × 80	61 × 5
61 × 500	92 × 8

● 개념 다지기 2

계산해 보세요.

1

```
      4 4
×   3 0 0
─────────
1 3 2 0 0
```

2

```
      3 8
×   2 0 0
─────────
```

3

```
      2 9
×   3 0
─────────
```

4

```
      3 4
× 4 0 0 0
─────────
```

5

```
      3 2
×   6 0 0
─────────
```

6

```
      7 3
× 5 0 0 0
─────────
```

▶ 개념 마무리 1

실제로 계산을 해야 하는 수에 ○표 하고, 계산해 보세요.

1

$\text{㉕} \times \text{③}00 = 7500$

$$\begin{array}{r} {\scriptstyle 1} \\ 2\,5 \\ \times \quad 3 \\ \hline 7\,5 \end{array}$$

2

$33 \times 500 =$

3

$28 \times 6000 =$

4

$200 \times 54 =$

5

$3000 \times 63 =$

6

$21 \times 700 =$

▶ 개념 마무리 2

주어진 상황에 알맞은 곱셈식을 쓰고 답을 구하세요.

1

우리 반 학생은 27명입니다. 600원짜리 색연필을 사서 우리 반 학생들에게 1자루씩 나누어 주려면 얼마가 필요할까요?

식 $27 \times 600 = 16200$ 답 16200 원

2

어떤 책은 총 40쪽입니다. 같은 책이 56권 있다면 모두 몇 쪽일까요?

식 _____   답 _____ 쪽

3

찬민이는 3000원짜리 컵밥을 35개 주문했습니다. 얼마를 내야 할까요?

식 _____   답 _____ 원

4

한 번에 300명씩 관람할 수 있는 영화 상영관이 있습니다. 이 상영관에서 빈 좌석 없이 48번 상영한다면 관객은 모두 몇 명일까요?

식 _____   답 _____ 명

5

하루에 줄넘기를 2000개씩 했습니다. 2주 동안 모두 몇 개를 했을까요?

식 _____   답 _____ 개

4 (두 자리 수) × (두 자리 수)

$$58 × 43$$

> 58을 43번 더한 것!

$$= 58 + 58 + \cdots\cdots + 58 + 58 + 58 + 58$$

40번 더하고,　　3번 더하기!

$$= \boxed{58 × 40} + \boxed{58 × 3}$$

$$\begin{array}{r} {\scriptstyle 3} \\ 58 \\ \times\ \ 4 \\ \hline 232 \end{array}$$
　뒤에 0 붙이기

$$\begin{array}{r} {\scriptstyle 2} \\ 58 \\ \times\ \ 3 \\ \hline 174 \end{array}$$

$$= 2320 + 174$$

$$= 2494$$

▶ 개념 익히기 1

곱셈식에 대해 옳은 설명이 되도록 빈칸을 채우세요.

1

$46 × 22$

- 46을 $\boxed{22}$ 번 더했다.
- 46을 20번 더하고, $\boxed{2}$ 번 더 더했다.

2

$31 × 53$

- 31을 $\boxed{}$ 번 더했다.
- 31을 50번 더하고, $\boxed{}$ 번 더 더했다.

3

$23 × 64$

- $\boxed{}$ 을 64번 더했다.
- $\boxed{}$ 을 $\boxed{}$ 번 더하고, 4번 더 더했다.

▶ 정답 및 해설 30쪽

⭐ 두 자리 수의 곱을 세로로 계산하기!

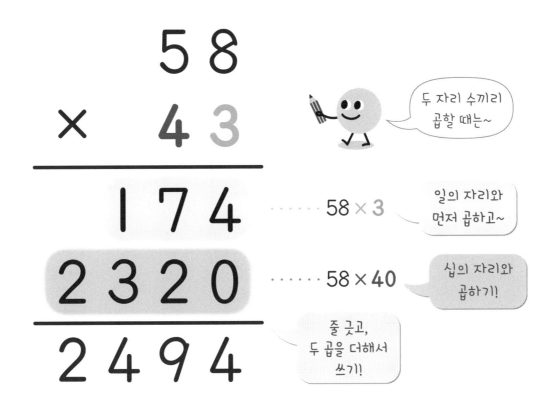

두 자리 수끼리 곱할 때는~

58×3 ····· 일의 자리와 먼저 곱하고~

58×40 ····· 십의 자리와 곱하기!

줄 긋고, 두 곱을 더해서 쓰기!

▶ 개념 익히기 2

관계있는 것끼리 선으로 이으세요.

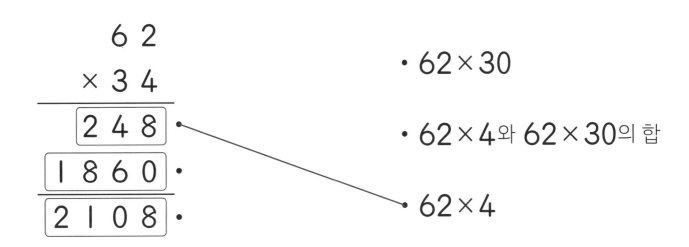

・ 62×30

・ 62×4와 62×30의 합

・ 62×4

세로로 계산한 것입니다. 빈칸을 알맞게 채우세요.

1
```
      4 3
  ×   1 8
  ┌─────────┐
  │ 3 4 4 │
  └─────────┘
    4 3 0
  ┌─────────┐
  │         │
  └─────────┘
```

2
```
      3 4
  ×   4 2
  ─────────
      6 8
  ┌─────────┐
  │         │
  └─────────┘
  ┌─────────┐
  │         │
  └─────────┘
```

3
```
      7 5
  ×   3 7
  ─────────
    5 2 5
  ┌─────────┐
  │         │
  └─────────┘
  2 7 7 5
```

4
```
      6 3
  ×   8 2
  ┌─────────┐
  │         │
  └─────────┘
  ┌─────────┐
  │         │
  └─────────┘
  5 1 6 6
```

5
```
      5 7
  ×   9 2
  ─────────
    1 1 4
  ┌─────────┐
  │         │
  └─────────┘
  ┌─────────┐
  │         │
  └─────────┘
```

6
```
      3 3
  ×   4 6
  ┌─────────┐
  │         │
  └─────────┘
  1 3 2 0
  ┌─────────┐
  │         │
  └─────────┘
```

▶ 개념 다지기 2

계산해 보세요.

1

```
      8 5
×     1 7
─────────
    5 9 5
    8 5 0
─────────
  1 4 4 5
```

2

```
      5 6
×     2 7
─────────
```

3

```
      3 2
×     4 6
─────────
```

4

```
      6 8
×     3 4
─────────
```

5

```
    2 9
×   3 5
───────
```

6

```
    7 7
×   5 9
───────
```

▶ 개념 마무리 1

나타내는 수가 같은 것끼리 선으로 이으세요.

27개씩
38묶음

·

78을 35번
더한 수
·

· 42×63

$$\begin{array}{r} 2\ 6 \\ \times\ 5\ 5 \\ \hline 1\ 3\ 0 \\ 1\ 3\ 0\ 0 \\ \hline 1\ 4\ 3\ 0 \end{array}$$
————————————
22의
65배

$$\begin{array}{r} 2\ 2 \\ \times\ 6\ 5 \\ \hline 1\ 1\ 0 \\ 1\ 3\ 2\ 0 \\ \hline 1\ 4\ 3\ 0 \end{array}$$

70을
39번 더했다.
·

·
54개씩
19묶음

·

49 곱하기 54

▶ 정답 및 해설 31쪽

3421

▶ 개념 마무리 2

주어진 곱셈식을 세로로 계산하고, 옳은 설명에 ○표, 틀린 설명에 ✕표 하세요.

1

62×38

$$\begin{array}{r} 6\,2 \\ \times\ 3\,8 \\ \hline 4\,9\,6 \\ 1\,8\,6\,0 \\ \hline 2\,3\,5\,6 \end{array}$$

- 62를 38번 더한 것과 같다. (○)

- 38×62와 같다. ( )

- 62×30과 62×8을 더한 값이다. ( )

- 70×40보다 크다. ( )

2

78×43

- 78을 43번 곱한 것과 같다. ( )

- 43×78과 같다. ( )

- 78×40에서 78×3을 뺀 값이다. ( )

- 80×50보다 작다. ( )

3

51×29

- 29×51과 같다. ( )

- 29를 51번 더한 것과 같다. ( )

- 51×20과 51×9를 더한 값이다. ( )

- 60×30보다 크다. ( )

⑤ (세 자리 수)×(두 자리 수)

$$384 \times 62$$

$$= 384 + 384 + \cdots\cdots + 384 + 384 + 384$$

60번 더하고, 2번 더하기!

$$= \boxed{384 \times 60} + 384 \times 2$$

$$\begin{array}{r} {\scriptstyle 52} \\ 384 \\ \times \quad 6 \\ \hline 2304 \end{array}$$

$$\begin{array}{r} {\scriptstyle 1} \\ 384 \\ \times \quad 2 \\ \hline 768 \end{array}$$

뒤에 0 붙이기

$$= \underset{\sim}{23040} + 768$$

$$= 23808$$

▶ 개념 익히기 1

빈칸을 알맞게 채우세요.

1

$$295 \times 42 = \boxed{295 \times \boxed{40}} + 295 \times 2$$

40 2

2

$$636 \times 38 = \boxed{636 \times 30} + 636 \times \boxed{}$$

30 8

3

$$348 \times 26 = \boxed{348 \times \boxed{}} + 348 \times \boxed{}$$

20 6

▶ 정답 및 해설 31쪽

3422

★ 세로셈은 항상 일의 자리부터 곱하기!

```
      3 8 4
  ×     6 2
  ─────────
      7 6 8    ······ 384 × 2
  2 3 0 4 0    ······ 384 × 60
  ─────────
  2 3 8 0 8
```

아무리 큰 수여도
두 자리 수랑 곱할 때는
이렇게 하면 되겠네~!

```
      3 8 4
  ×     6 2
  ─────────
      7 6 8
  2 3 0 4 0
  ─────────
  2 3 8 0 8
```

여기 있는
0은
생략해서
한 자리를
비워놓고
써도 돼!

▶ 개념 익히기 2

세로 곱셈을 완성하세요.

1

```
      2 7 6
  ×     4 3
  ─────────
      8 2 8
  1 1 0 4 0
  ─────────
  1 1 8 6 8
```

2

```
      3 5 9
  ×     3 5
  ─────────
    1 7 9 5
  1 0 7 7 0
```

3

```
      4 6 2
  ×     2 8
  ─────────
    3 6 9 6
    9 2 4 0
```

▶ 개념 다지기 1

계산해 보세요.

1

$$
\begin{array}{r}
4\,6 \\
\times\ 3\,2 \\
\hline
9\,2 \\
1\,3\,8\,0 \\
\hline
1\,4\,7\,2
\end{array}
$$

2

$$
\begin{array}{r}
2\,3\,7 \\
\times\ \ \ 2\,6 \\
\hline
\end{array}
$$

3

$$
\begin{array}{r}
4\,3\,2 \\
\times\ \ \ 1\,9 \\
\hline
\end{array}
$$

4

$$
\begin{array}{r}
2\,8\,3 \\
\times\ \ \ 4\,6 \\
\hline
\end{array}
$$

5

$$
\begin{array}{r}
3\,4\,6 \\
\times\ \ \ 2\,0 \\
\hline
\end{array}
$$

6

$$
\begin{array}{r}
5\,1\,9 \\
\times\ 3\,0\,0 \\
\hline
\end{array}
$$

▶ 정답 및 해설 32쪽

▶ 개념 다지기 2

계산 결과가 더 큰 쪽으로 길을 찾아서 바르게 갈 수 있도록 그려보세요.

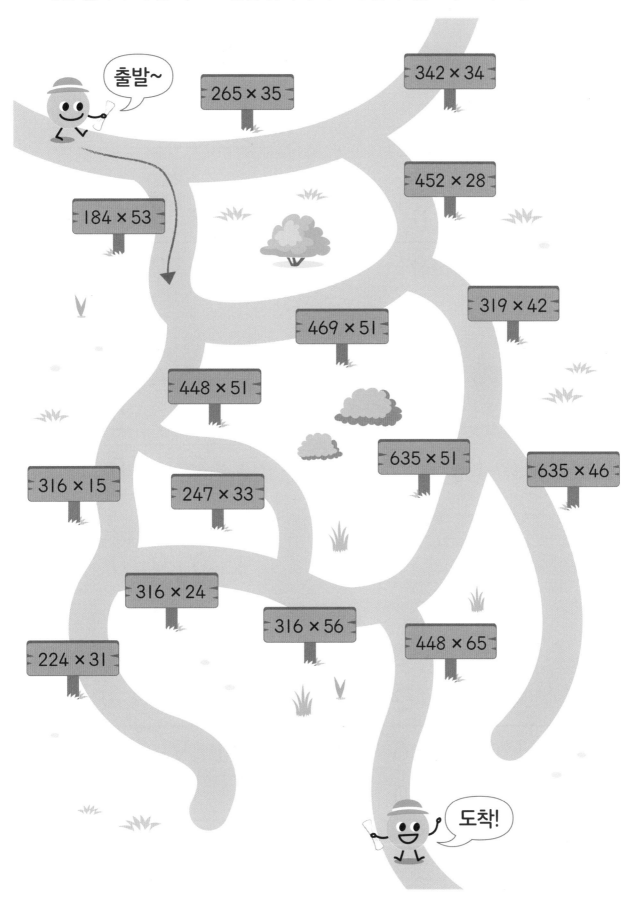

▶ 개념 마무리 1

빈칸을 알맞게 채우세요.

1

```
      2 5 7
  ×   3 4
  ─────────
    1 0 2 8
  7 7 1 0
  ─────────
  8 7 3 8
```

2

```
      3 2 6
  ×     □ 3
  ─────────
  [        ]
  1 3 0 4 0
  ─────────
  1 4 0 1 8
```

3

```
      5 □ 8
  ×     2 6
  ─────────
    3 1 6 8
  1 0 5 6 0
  ─────────
  [          ]
```

4

```
      4 3 6
  ×     2 □
  ─────────
    2 1 8 0
  [          ]
  ─────────
  1 0 9 0 0
```

5

```
      6 5 3
  ×     □ 2
  ─────────
    1 3 0 6
  4 5 7 1 0
  ─────────
  [          ]
```

6

```
      2 □ 5
  ×     3 8
  ─────────
    1 9 6 0
  [          ]
  ─────────
  9 3 1 0
```

▶ 개념 마무리 2

주어진 상황에 알맞은 곱셈식을 쓰고 답을 구하세요.

1

이벤트에 당첨된 352명에게 초콜릿을 15개씩 나눠주려고 합니다. 모두
몇 개를 준비해야 할까요?

식 $352 \times 15 = 5280$ 답 5280 개

2

한 자루에 720원짜리 볼펜을 10자루씩 5묶음과 낱개 6자루 사려고 합니다.
총 얼마를 내야 할까요?

식 _____ 답 _____ 원

3

1시간에 과자 375개를 만드는 기계가 있습니다. 이 기계를 하루 동안 쉬지 않고
작동시킨다면, 만들 수 있는 과자는 몇 개일까요?

식 _____ 답 _____ 개

4

준우는 키가 132 cm입니다. 우리 아파트의 높이가 준우 키의 24배일 때,
우리 아파트 높이는 몇 cm일까요?

식 _____ 답 _____ cm

5

바둑판 1개에는 324칸이 있습니다. 바둑판 27개에는 몇 칸이 있을까요?

식 _____ 답 _____ 칸

6 세로 곱셈의 확장

★ ⦚⦚ × (세 자리 수)

```
     1 7 8
  ×  3 2 5
  ─────────
     8 9 0    ····· 178 × 5
   3 5 6 0    ····· 178 × 20
 5 3 4 0 0    ····· 178 × 300
  ─────────
 5 7 8 5 0
```

세 자리 수를
곱하니까,

이렇게
세 번 곱하고~

세 곱을 전부
더하기!

▨ **자리 수**를 곱할 때는,

▨ **번** 곱하고,

▨ **개의 곱**을 전부 더하기!

▶ 개념 익히기 1

알맞은 것끼리 선으로 연결하고 빈칸을 채우세요.

```
     6 3
  × 2 5 7
  ─────────
     4 4 1
   3 1 5 0
 1 2 6 0 0
  ─────────
  ┌──────┐
  │      │
  └──────┘
```

· 63×200

· 63×7

· 63×50

(두 자리 수) × (세 자리 수) 세로셈

$$
\begin{array}{r}
27 \\
\times\ 136 \\
\hline
162 \\
810 \\
2700 \\
\hline
3672
\end{array}
$$

162 ····· 27 × 6
810 ····· 27 × 30
2700 ····· 27 × 100

$27 \times 136 = 136 \times 27$
이니까, 136×27로 계산해도 돼!

중간에 0이 있는 수의 세로셈

$$
\begin{array}{r}
78 \\
\times\ 304 \\
\hline
312 \\
0 \\
23400 \\
\hline
23712
\end{array}
$$

312 ····· 78 × 4
생략 가능! 0 ····· 78 × 0
23400 ····· 78 × 300

중간에 0이 있어도
계산하는 방법은 똑같아!

▶ **개념 익히기 2**

생략할 수 있는 부분에 ○표 하세요.

1
$$
\begin{array}{r}
43 \\
\times\ 207 \\
\hline
301 \\
⓪ \\
8600 \\
\hline
8901
\end{array}
$$

2
$$
\begin{array}{r}
5 \\
\times\ 304 \\
\hline
20 \\
0 \\
1500 \\
\hline
1520
\end{array}
$$

3
$$
\begin{array}{r}
36 \\
\times\ 408 \\
\hline
288 \\
0 \\
14400 \\
\hline
14688
\end{array}
$$

빈칸을 알맞게 채우세요.

1

```
        5 3
    ×  4 6 8
    ─────────
      4 2 4 ----→ 53× [8]
    3 1 8 0 ----→ 53× [60]
  2 1 2 0 0 ----→ 53× [400]
  ┌─────────┐
  │2 4 8 0 4│
  └─────────┘
```

2

```
        5 4
    ×  3 6 9 2
    ─────────
      1 0 8 ----→ 54× [ ]
    4 8 6 0 ----→ 54× [ ]
  3 2 4 0 0 ----→ 54× [ ]
1 6 2 0 0 0 ----→ 54× [ ]
  ┌─────────┐
  │         │
  └─────────┘
```

3

```
        4 6
    ×  3 2 8
    ─────────
      3 6 8 ----→ 46× [ ]
      9 2 0 ----→ [ ] × [ ]
  1 3 8 0 0 ----→ [ ] × [ ]
  ┌─────────┐
  │         │
  └─────────┘
```

4

```
        3 5
    ×  2 3 5 7
    ─────────
      2 4 5 --→ 35× [ ]
    1 7 5 0 --→ [ ] × [ ]
  1 0 5 0 0 --→ [ ] × [ ]
  7 0 0 0 0 --→ [ ] × [ ]
  ┌─────────┐
  │         │
  └─────────┘
```

● 개념 다지기 2

계산해 보세요.

1

```
        7 2
  ×   3 4 5
  ─────────
      3 6 0
    2 8 8 0
  2 1 6 0 0
  ─────────
  2 4 8 4 0
```

2

```
        6 3
  ×   5 1 6
  ─────────

  ─────────
```

3

```
      2 4
  ×  6 3 8
```

4

```
      3 2
  ×  2 7 4
```

5

```
      5 5
  ×  8 0 3
```

6

```
      6 0
  ×  7 2 9
```

계산해 보세요.

1

$$2653 \times 48$$

$$
\begin{array}{r}
2653 \\
\times\ \ \ 48 \\
\hline
21224 \\
106120 \\
\hline
127344 \\
\end{array}
$$

2

$$17 \times 593$$

3

$$3760 \times 25$$

4

$$4165 \times 11$$

5

$$36 \times 354$$

6

$$2060 \times 24$$

▶ 개념 마무리 2

주어진 상황에 알맞은 곱셈식을 쓰고 답을 구하세요.

1

학생 478명이 공원에 입장하려고 합니다. 입장료가 900원이라면 입장료는 모두 얼마일까요?

식 $478 \times 900 = 430200$ 답 430200 원

2

한 통에 아몬드 152알이 들어있습니다. 63통에는 아몬드가 모두 몇 알 들어있을까요?

식 _____   답 _____ 알

3

책장마다 273권의 책이 꽂혀있습니다. 책장 19개에는 모두 몇 권의 책이 꽂혀있을까요?

식 _____   답 _____ 권

4

건물 모형을 만들 때 블록 206개를 사용합니다. 옆반 친구들 32명이 똑같은 건물 모형을 만든다면 블록은 모두 몇 개 필요할까요?

식 _____   답 _____ 개

5

한 줄에 4500원짜리 김밥을 32줄 샀다면, 김밥 가격은 모두 얼마일까요?

식 _____   답 _____ 원

지금까지 '세로 곱셈의 확장'에 대해 살펴보았습니다.
얼마나 제대로 이해했는지 확인해 봅시다.

1

다음 중 값이 다른 것을 찾아 ╳표 하시오.

$$40 \times 5 \qquad 400 \times 5 \qquad 20 \times 100 \qquad 200 \times 10$$

2

공통으로 들어갈 수를 쓰시오.

```
    6 3              6 3                6 3
 ×  2 0          ×  2 0 0          ×  2 0 0 0
 [    ] 0        [    ] 0 0        [    ] 0 0 0
```

3

다음을 구하시오.

36을 50번 더하고, 4번 더 더한 수

4

빈칸을 알맞게 채우시오.

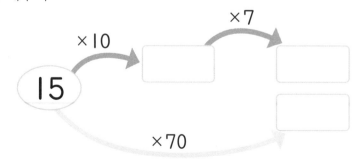

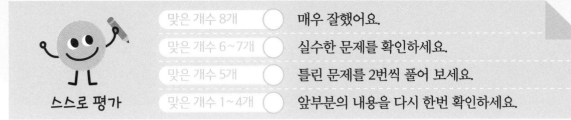
▶ 정답 및 해설 39쪽

5

☐에 알맞은 수를, ◯에 알맞은 연산 기호를 쓰시오.

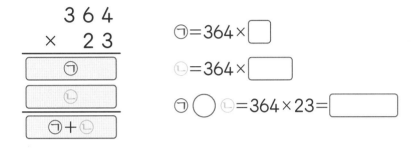

```
    3 6 4
  ×   2 3
  ┌─────────┐
  │    ㉠    │
  ├─────────┤
  │    ㉡    │
  ├─────────┤
  │  ㉠+㉡  │
  └─────────┘
```

㉠ = 364 × ☐

㉡ = 364 × ☐

㉠ ◯ ㉡ = 364 × 23 = ☐

6

계산해 보시오.

```
    6 5
  × 2 8
```

```
      2 9
  × 5 1 8
```

7

빈칸을 알맞게 채우시오.

```
    3 4 7
  ×   ☐ 6
  ┌─────────┐
  │         │
  └─────────┘
  6 9 4 0
  9 0 2 2
```

8

신나 초등학교에는 한 학년에 학생이 278명씩 있습니다. 다음 물음에 답하시오.

(1) 1학년부터 6학년까지 전교생은 모두 몇 명일까요?

(2) 전교생에게 교과서를 13권씩 나누어준다면 모두 몇 권이 필요할까요?

▶정답 및 해설 40쪽

1 43×25를 2가지 방법으로 계산해 보세요. (힌트: 106, 107쪽)

방법 ①

방법 ②

2 계산 과정을 보고 틀린 부분을 바르게 고치세요. (힌트: 119쪽)

```
    1 6
  × 3 0 5
  ─────────
     8 0
   4 8 0
  ─────────
   5 6 0
```

바른 계산

3 ♥×3=162, ♥×70=3780일 때, ♥×73을 구하세요. (힌트: 106쪽)

잠깐! 서술형으로 쓰기 어려워? 그럼 앞에서 배운 걸 떠올려 봐! 앞에서 찾아보고 적어도 좋아!

인도의 베다 수학 곱셈법

고대 인도에서는 신을 위한 신전이나 제단을 지을 때 기하학과 수학을 이용했어.
그 방법이 입에서 입으로 전해 내려왔는데, 그것들을 모아서 베다 수학이라는 수학책을
만들었다고 해. 베다 수학에 나오는 신기한 곱셈법을 알아볼까?

$$14 \times 23$$

❶ 먼저, 14를 나타내는 선을 그어 보자. 선 1개와 선 4개를 약간 떨어진 곳에 비스듬히 그려 봐~

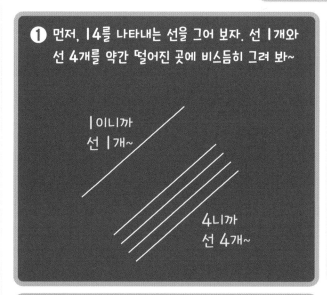

1이니까 선 1개~

4니까 선 4개~

❷ 이번엔 23을 나타내도록, 선 2개와 선 3개를 비스듬히 그려. 이때, 먼저 그려놓은 14를 나타내는 선과 만나도록 그려야 해!

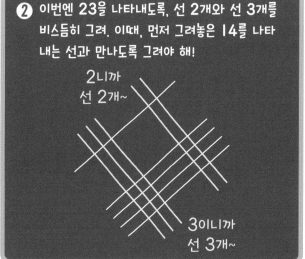

2니까 선 2개~

3이니까 선 3개~

❸ 선끼리 만나는 점을 전부 표시하고~ 제일 위쪽, 중간, 제일 아래쪽, 이렇게 세 부분으로 나누어서 점의 개수를 세어 봐!

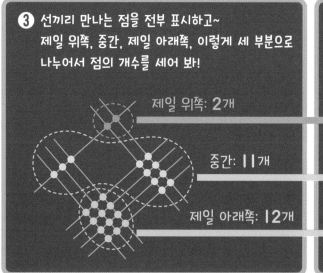

제일 위쪽: 2개

중간: 11개

제일 아래쪽: 12개

❹ 점의 위치에 따라 100, 10, 1이 각각 몇 개씩 있는지 구한 다음, 세 수를 모두 더하면 곱셈 끝!

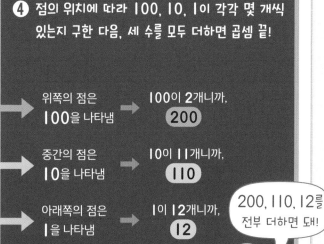

위쪽의 점은 100을 나타냄 ➡ 100이 2개니까, **200**

중간의 점은 10을 나타냄 ➡ 10이 11개니까, **110**

아래쪽의 점은 1을 나타냄 ➡ 1이 12개니까, **12**

200, 110, 12를 전부 더하면 돼!

$$200 + 110 + 12 = 322$$

➡ 그러니까, $14 \times 23 = 322$

MEMO

정답 및 해설은 키출판사 홈페이지
(www.keymedia.co.kr)에서도
볼 수 있습니다.

초등수학
곱셈
ㅂ×ㅁ

계산 중심이 아닌,
개념과 의미로 풀어내는
진짜 수학!

개념이 먼저다

정답 및 해설

곱셈구구 복습하기　8　9

▶ 정답 및 해설 1쪽

아래 곱셈구구표에는 각 단마다 잘못된 곳이 한 군데씩 있습니다.
잘못된 곳을 찾아 ✕표 하세요.

2단	3단	4단	5단
2×1=2	3×1=3	4×1=4	5×1=5
2×2=4	3×2=6	4×2=8	5×2=10
2×3=6	3×3=9	4×3=12	5×3=15
2×4=8	3×4=12	4×4=16	5×4=20
2×5=10	3×5=15	4×5=20	5×5=~~26~~ 25
2×6=12	3×6=18	4×6=~~26~~ 24	5×6=30
2×7=✕14	3×7=21	4×7=28	5×7=35
2×8=16	3×8=24	4×8=32	5×8=40
2×9=18	3×9=~~28~~ 27	4×9=36	5×9=45

6단	7단	8단	9단
6×1=6	7×1=7	8×1=8	9×1=9
6×2=12	7×2=14	8×2=16	9×2=18
6×3=18	7×3=21	8×3=24	9×3=27
6×4=24	7×4=28	8×4=32	9×4=36
6×5=30	7×5=35	8×5=40	9×5=45
6×6=36	7×6=42	8×6=48	9×6=~~53~~ 54
6×7=~~43~~ 42	7×7=49	8×7=56	9×7=63
6×8=48	7×8=~~54~~ 56	8×8=~~63~~ 64	9×8=72
6×9=54	7×9=63	8×9=72	9×9=81

빈칸을 알맞게 채우세요.

6 × 4 = 24　　3 × 7 = 21

9 × 7 = 63　　8 × 4 = 32

4 × 3 = 12　　7 × 7 = 49

5 × 5 = 25　　3 × 6 = 18

8 × 6 = 48　　9 × 9 = 81

9 × 6 = 54　　7 × 4 = 28

4 × 6 = 24　　5 × 6 = 30

곱셈구구 복습하기　10　11

▶ 정답 및 해설 1쪽

계산 결과가 짝수인 것에 모두 ○표 하세요.

（7×6＝42）　　（5×4＝20）

3×9＝27

5×3＝15

（4×4＝16）

7×1＝7

9×7＝63

（8×5＝40）

빈칸을 알맞게 채우세요.

8 × 7 = 56　　6 × 5 = 30

9 × 3 = 27　　8 × 2 = 16

6 × 5 = 30　　5 × 7 = 35

9 × 2 = 18　　3 × 8 = 24

3 × 5 = 15　　2 × 6 = 12

4 × 9 = 36　　7 × 2 = 14

9 × 8 = 72　　3 × 7 = 21

이제 진짜로
시작해 볼까?~

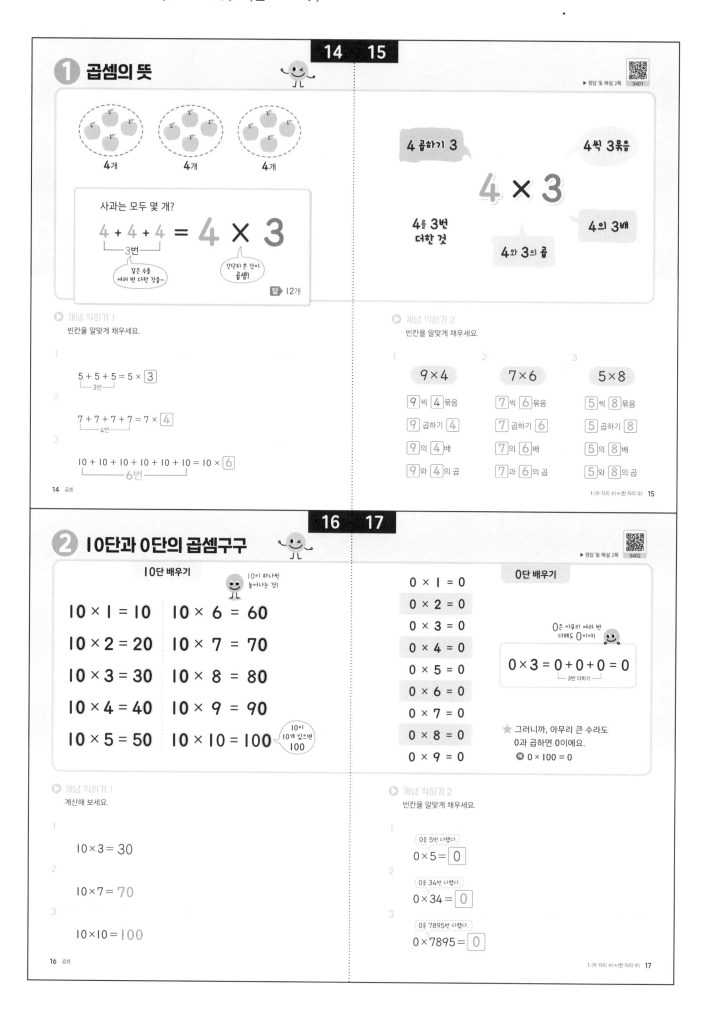

① 곱셈의 뜻

14 15

▶ 정답 및 해설 2쪽 3401

4개   4개   4개

사과는 모두 몇 개?

$4 + 4 + 4 = 4 \times 3$
(3번)

같은 수를 여러 번 더한 것을~

간단히 쓴 것이 곱셈!

답 12개

4 곱하기 3

4씩 3묶음

4×3

4를 3번 더한 것

4와 3의 곱

4의 3배

▶ 개념 익히기 1

빈칸을 알맞게 채우세요.

1
$5 + 5 + 5 = 5 \times \boxed{3}$
(3번)

2
$7 + 7 + 7 + 7 = 7 \times \boxed{4}$
(4번)

3
$10 + 10 + 10 + 10 + 10 + 10 = 10 \times \boxed{6}$
(6번)

▶ 개념 익히기 2

빈칸을 알맞게 채우세요.

1 9×4
$\boxed{9}$씩 $\boxed{4}$묶음
$\boxed{9}$ 곱하기 $\boxed{4}$
$\boxed{9}$의 $\boxed{4}$배
$\boxed{9}$와 $\boxed{4}$의 곱

2 7×6
$\boxed{7}$씩 $\boxed{6}$묶음
$\boxed{7}$ 곱하기 $\boxed{6}$
$\boxed{7}$의 $\boxed{6}$배
$\boxed{7}$과 $\boxed{6}$의 곱

3 5×8
$\boxed{5}$씩 $\boxed{8}$묶음
$\boxed{5}$ 곱하기 $\boxed{8}$
$\boxed{5}$의 $\boxed{8}$배
$\boxed{5}$와 $\boxed{8}$의 곱

14 곱셈

1. (두 자리 수)×(한 자리 수) 15

② 10단과 0단의 곱셈구구

16 17

▶ 정답 및 해설 2쪽 3402

10단 배우기

10이 하나씩 늘어나는 것!

$10 \times 1 = 10$ $10 \times 6 = 60$
$10 \times 2 = 20$ $10 \times 7 = 70$
$10 \times 3 = 30$ $10 \times 8 = 80$
$10 \times 4 = 40$ $10 \times 9 = 90$
$10 \times 5 = 50$ $10 \times 10 = 100$

10이 10개 있으면 100

0단 배우기

$0 \times 1 = 0$
$0 \times 2 = 0$
$0 \times 3 = 0$
$0 \times 4 = 0$
$0 \times 5 = 0$
$0 \times 6 = 0$
$0 \times 7 = 0$
$0 \times 8 = 0$
$0 \times 9 = 0$

0은 아무리 여러 번 더해도 0이야!

$0 \times 3 = 0 + 0 + 0 = 0$
(3번 더하기)

★ 그러니까, 아무리 큰 수라도 0과 곱하면 0이에요.
예 $0 \times 100 = 0$

▶ 개념 익히기 1

계산해 보세요.

1
$10 \times 3 = 30$

2
$10 \times 7 = 70$

3
$10 \times 10 = 100$

▶ 개념 익히기 2

빈칸을 알맞게 채우세요.

1
0을 5번 더했다.
$0 \times 5 = \boxed{0}$

2
0을 34번 더했다.
$0 \times 34 = \boxed{0}$

3
0을 7895번 더했다.
$0 \times 7895 = \boxed{0}$

16 곱셈

1. (두 자리 수)×(한 자리 수) 17

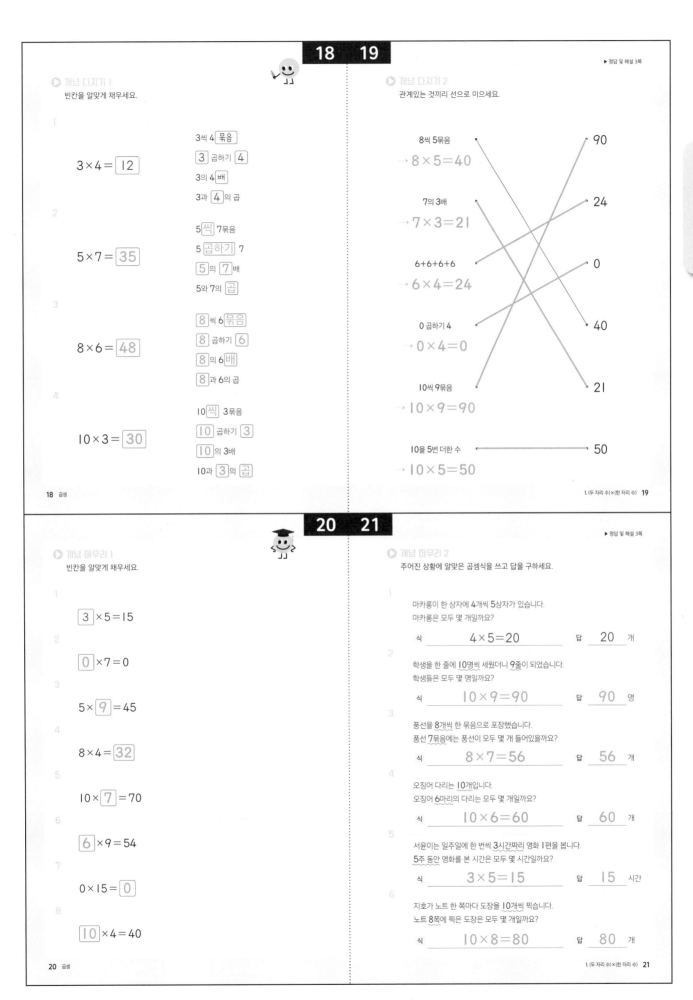

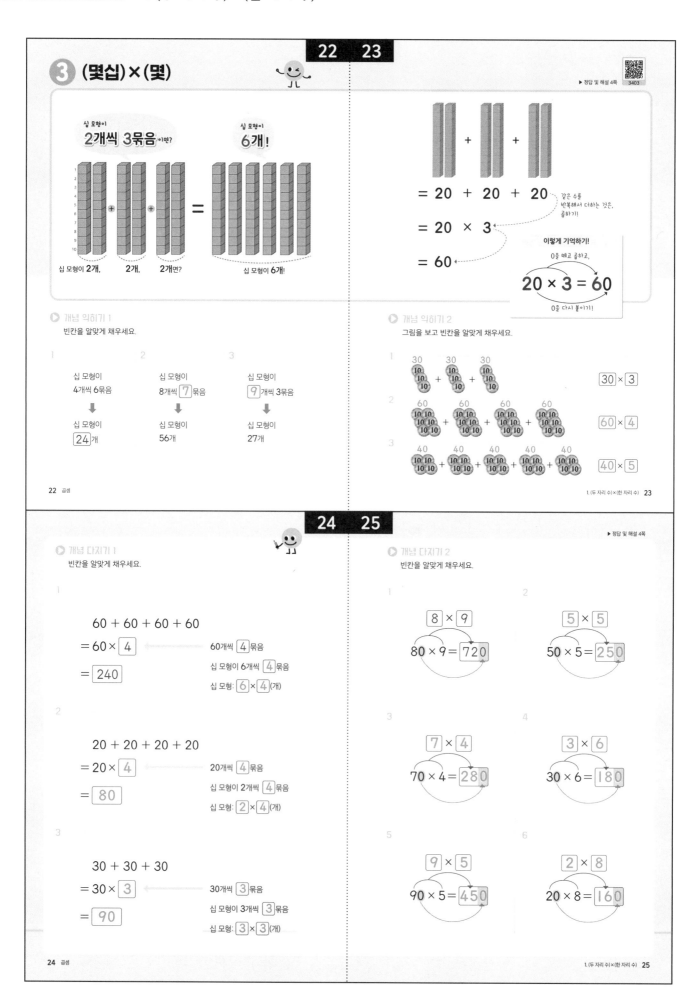

▶ 정답 및 해설 5쪽

개념 마무리 1

계산해 보세요.

1
$$30 \times 4 = 120$$

2
$$40 \times 8 = 320$$

3
$$50 \times 6 = 300$$

4
$$60 \times 8 = 480$$

5
$$70 \times 9 = 630$$

6
$$80 \times 7 = 560$$

7
$$90 \times 3 = 270$$

개념 마무리 2

계산 결과가 같은 것끼리 선으로 이으세요.

40×4
$= 160$

90×8
$= 720$

60×2
$= 120$

60×6
$= 360$

80×9
$= 720$

80×2
$= 160$

30×6
$= 180$

40×3
$= 120$

90×4
$= 360$

60×4
$= 240$

80×3
$= 240$

90×2
$= 180$

④ (몇십몇)×(몇) (1)

▶ 정답 및 해설 5쪽
3404

$$23 \times 3$$

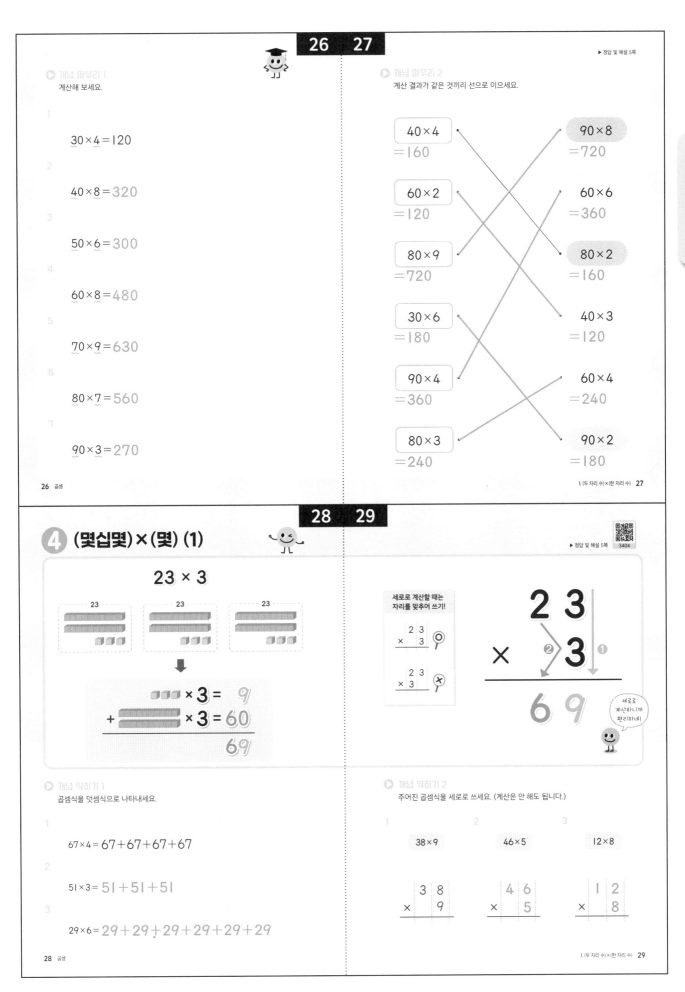

23   23   23

$$□□□ \times 3 = 9$$
$$+ \quad \times 3 = 60$$
$$\overline{ 69}$$

세로로 계산할 때는
자리를 맞추어 쓰기!

$$\begin{array}{r} 2\ 3 \\ \times\ 3 \end{array}$$

$$\begin{array}{r} 2\ 3 \\ \times\ 3 \end{array}$$

$$\begin{array}{r} 2\ 3 \\ \times\ 3 \\ \hline 6\ 9 \end{array}$$

세로로
계산하니까
편리하네!

개념 익히기 1

곱셈식을 덧셈식으로 나타내세요.

1
$$67 \times 4 = 67 + 67 + 67 + 67$$

2
$$51 \times 3 = 51 + 51 + 51$$

3
$$29 \times 6 = 29 + 29 + 29 + 29 + 29 + 29$$

개념 익히기 2

주어진 곱셈식을 세로로 쓰세요. (계산은 안 해도 됩니다.)

1   2   3

$$38 \times 9$$ $$46 \times 5$$ $$12 \times 8$$

$$\begin{array}{r} 3\ 8 \\ \times\ 9 \end{array}$$ $$\begin{array}{r} 4\ 6 \\ \times\ 5 \end{array}$$ $$\begin{array}{r} 1\ 2 \\ \times\ 8 \end{array}$$

정답 및 해설

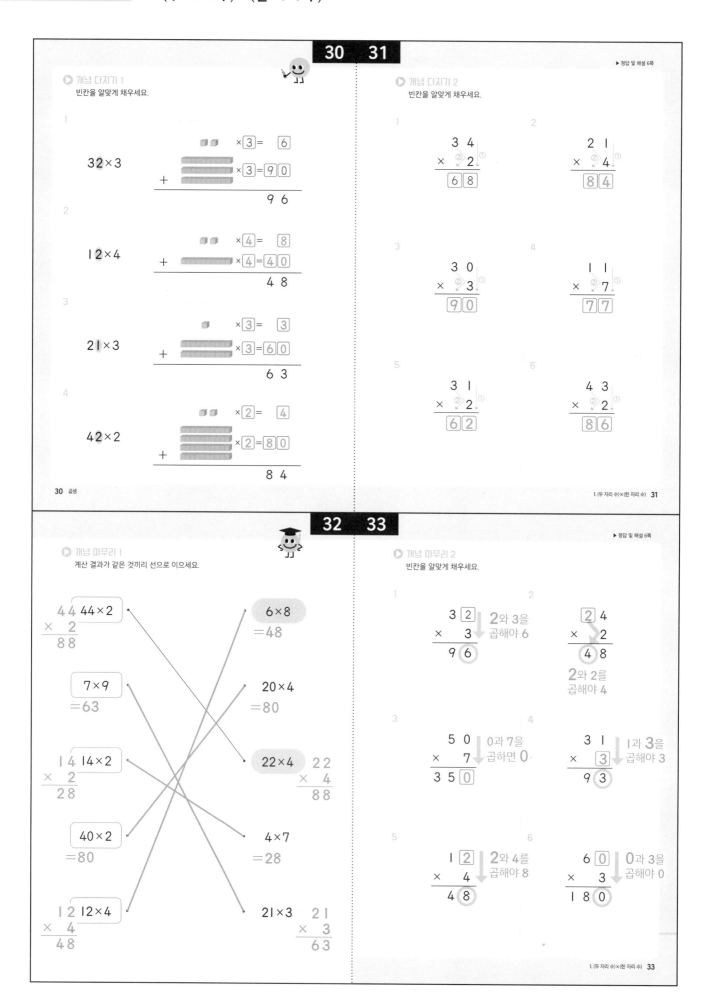

⑤ (몇십몇)×(몇) (2)

▶ 정답 및 해설 7쪽

$$72 \times 3$$

$$= \underset{70 \quad 2}{72} + \underset{70 \quad 2}{72} + \underset{70 \quad 2}{72}$$

$$= 70 \times 3 + 2 \times 3$$

$$72 \times 3 \left\{ \begin{array}{l} 70 \times 3 \\ 2 \times 3 \end{array} \right. \text{의 합}$$

세로로 계산하기

일의 자리부터 먼저 계산해서 적어!

$$\begin{array}{r} 7\,2 \\ \times\ \ 3 \\ \hline 6 \cdots 2\times3 \\ 2\,1\,0 \cdots 70\times3 \\ \hline 2\,1\,6 \cdots 72\times3 \end{array}$$

한 번에 계산하기 ➡

$$\begin{array}{r} 7\,2 \\ \times\ \ 3 \\ \hline 2\,1\,6 \end{array}$$

▶ 개념 익히기 1

빈칸을 알맞게 채우세요.

1.
40이 5번
41 × 5
1도 5번

2.
60이 2번
64 × 2
4도 2번

3.
50이 3번
53 × 3
3도 3번

▶ 개념 익히기 2

빈칸을 알맞게 채우세요.

1.
$$\begin{array}{r} 6\,1 \\ \times\ \ 6 \\ \hline 3\,6\,6 \end{array}$$

2.
$$\begin{array}{r} 8\,2 \\ \times\ \ 4 \\ \hline 3\,2\,8 \end{array}$$

3.
$$\begin{array}{r} 9\,3 \\ \times\ \ 2 \\ \hline 1\,8\,6 \end{array}$$

▶ 정답 및 해설 7쪽

▶ 개념 다지기 1

빈칸을 알맞게 채우세요.

1.
91×8 < 90 × 8 / 1 × 8 의 합

2.
42×5 < 40 × 5 / 2 × 5 의 합

3.
83×6 < 80 × 6 / 3 × 6 의 합

4.
65×3 < 60 × 3 / 5 × 3 의 합

5.
54×7 < 50 × 7 / 4 × 7 의 합

▶ 개념 다지기 2

계산해 보세요.

1.
$$\begin{array}{r} 5\,2 \\ \times\ \ 4 \\ \hline 2\,0\,8 \end{array}$$

2.
$$\begin{array}{r} 6\,2 \\ \times\ \ 3 \\ \hline 1\,8\,6 \end{array}$$

3.
$$\begin{array}{r} 8\,3 \\ \times\ \ 2 \\ \hline 1\,6\,6 \end{array}$$

4.
$$\begin{array}{r} 4\,1 \\ \times\ \ 7 \\ \hline 2\,8\,7 \end{array}$$

5.
$$\begin{array}{r} 9\,3 \\ \times\ \ 3 \\ \hline 2\,7\,9 \end{array}$$

6.
$$\begin{array}{r} 6\,4 \\ \times\ \ 2 \\ \hline 1\,2\,8 \end{array}$$

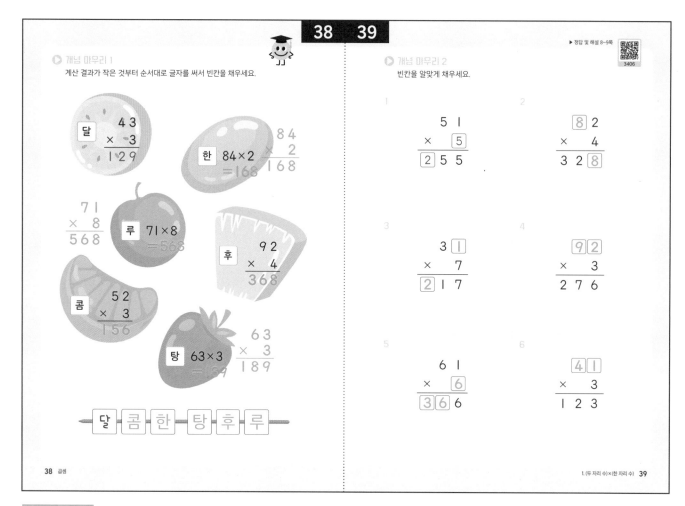

39쪽

1

일의 자리부터 살펴보기

$$\begin{array}{r} 5\ 1 \\ \times\ \boxed{5} \\ \hline \boxed{\ }\ 5\ 5 \end{array}$$ 1과 5를 곱해야 5

$$\begin{array}{r} 5\ 1 \\ \times\ \boxed{5} \\ \hline \boxed{2}\ 5\ 5 \end{array}$$

5와 5를 곱하면 25

2

일의 자리부터 살펴보기

$$\begin{array}{r} \boxed{\ }\ 2 \\ \times\ 4 \\ \hline 3\ 2\ \boxed{8} \end{array}$$ 2와 4를 곱하면 8

$$\begin{array}{r} \boxed{8}\ 2 \\ \times\ 4 \\ \hline 3\ 2\ \boxed{8} \end{array}$$

8과 4를 곱해야 32

3

일의 자리부터 살펴보기

$$\begin{array}{r} 3\ \boxed{1} \\ \times\ 7 \\ \hline \boxed{\ }\ 1\ 7 \end{array}$$ 1과 7을 곱해야 7

$$\begin{array}{r} 3\ \boxed{1} \\ \times\ 7 \\ \hline \boxed{2}\ 1\ 7 \end{array}$$

3과 7을 곱하면 21

8 곱셈

4

일의 자리부터 살펴보기

2와 3을 곱해야 6

```
  □2
× 　3
─────
  2 7 6
```

```
  9 2
×   3
─────
  2 7 6
```

9와 3을 곱해야 27

5

일의 자리부터 살펴보기

1과 6을 곱해야 6

```
  6 1
×   6
─────
 □□ 6
```

```
  6 1
×   6
─────
 3 6 6
```

6과 6을 곱하면 36

6

일의 자리부터 살펴보기

1과 3을 곱해야 3

```
  □1
× 　3
─────
  1 2 3
```

```
  4 1
×   3
─────
  1 2 3
```

4와 3을 곱해야 12

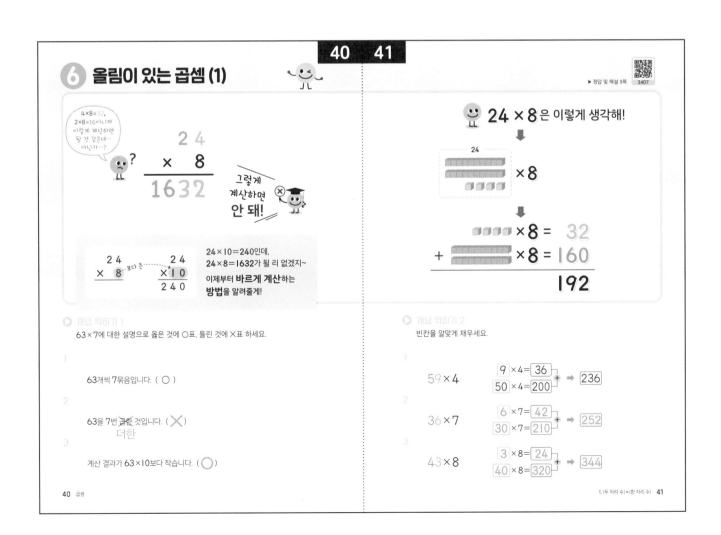

⑦ 올림이 있는 곱셈 (2)

▶ 정답 및 해설 10쪽

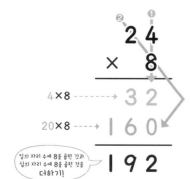

$4×8 \longrightarrow$ 3 2
$20×8 \longrightarrow$ 1 6 0
1 9 2

일의 자리 수에 8을 곱한 것과
십의 자리 수에 8을 곱한 것을
더하기

24×8 을 간단히 계산하는 방법

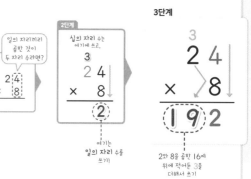

▶ 개념 익히기 1
빈칸을 알맞게 채우세요.

1.
```
    3 2
  ×   7
  [1]4
  2 1 0
  2 2 4
```

2.
```
    8 4
  ×   9
  [3]6
  7[2]0
  7 5 6
```

3.
```
    5 8
  ×   6
  [4]8
  [3]0 0
  3 4 8
```

▶ 개념 익히기 2
빈칸을 알맞게 채우세요.

[1].
```
    6 3
  ×   4
  2 5 [2]
```

[2].
```
    4 8
  ×   3
  1 4 [4]
```

[3].
```
    2 5
  ×   7
  1 7 [5]
```

▶ 정답 및 해설 10쪽

▶ 개념 다지기 1
빈칸을 알맞게 채우세요.

1.
```
        3
    4 6
  ×   6
  [2]7[6]
  24+3
```

2.
```
        2
    8 3
  ×   9
  [7]4[7]
  72+[2]
```

3.
```
        2
    6 5
  ×   4
  [2]6[0]
  [24]+2
```

4.
```
        4
    5 8
  ×   6
  [3]4[8]
  30+[4]
```

5.
```
        1
    3 2
  ×   7
  [2]2[4]
  [21]+1
```

6.
```
      [2]
    4 9
  ×   3
  [1]4[7]
  12+[2]
```

▶ 개념 다지기 2
빈칸을 채우며 계산해 보세요.

[1].
```
    5 3
  ×   4
  2 1 2
```

[2].
```
    3 4
  ×   6
  2 0 4
```

[4].
```
    2 6
  ×   7
  1 8 2
```

[1].
```
    4 5
  ×   3
  1 3 5
```

[3].
```
    7 8
  ×   4
  3 1 2
```

[3].
```
    9 7
  ×   5
  4 8 5
```

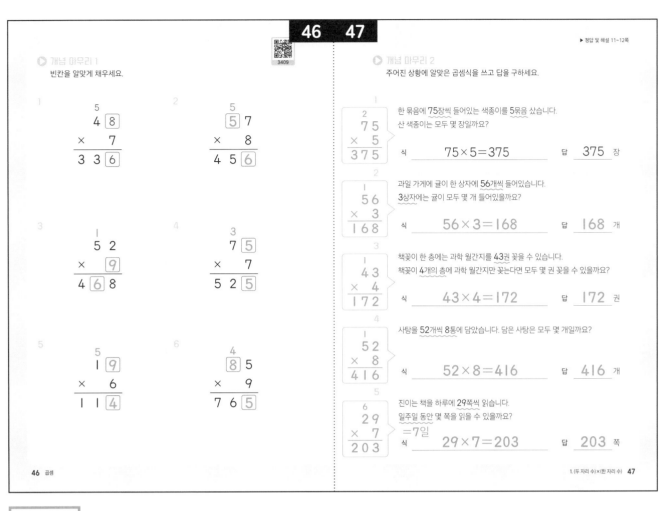

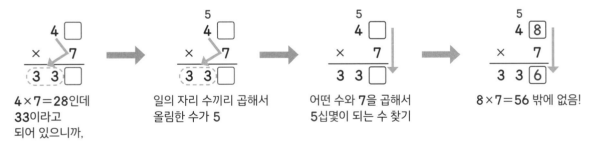

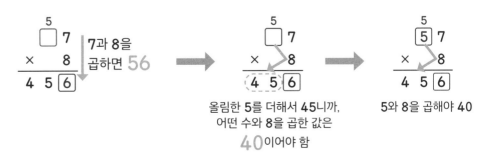

▶ 정답 및 해설 11~12쪽

◯ 개념 마무리 1

빈칸을 알맞게 채우세요.

1.
```
    5 8
  × 7
  3 3 6
```

2.
```
    5 7
  ×   8
  4 5 6
```

3.
```
    5 2
  ×   9
  4 6 8
```

4.
```
    7 5
  ×   7
  5 2 5
```

5.
```
    1 9
  ×   6
  1 1 4
```

6.
```
    8 5
  ×   9
  7 6 5
```

◯ 개념 마무리 2

주어진 상황에 알맞은 곱셈식을 쓰고 답을 구하세요.

1.
```
    7 5
  ×   5
  3 7 5
```
한 묶음에 75장씩 들어있는 색종이를 5묶음 샀습니다.
산 색종이는 모두 몇 장일까요?

식 ____75×5=375____ 답 __375__ 장

2.
```
    5 6
  ×   3
  1 6 8
```
과일 가게에 귤이 한 상자에 56개씩 들어있습니다.
3상자에는 귤이 모두 몇 개 들어있을까요?

식 ____56×3=168____ 답 __168__ 개

3.
```
    4 3
  ×   4
  1 7 2
```
책꽂이 한 층에는 과학 월간지를 43권 꽂을 수 있습니다.
책꽂이 4개의 층에 과학 월간지만 꽂는다면 모두 몇 권 꽂을 수 있을까요?

식 ____43×4=172____ 답 __172__ 권

4.
```
    5 2
  ×   8
  4 1 6
```
사탕을 52개씩 8통에 담았습니다. 담은 사탕은 모두 몇 개일까요?

식 ____52×8=416____ 답 __416__ 개

5.
```
    2 9
  ×   7
  2 0 3
```
진이는 책을 하루에 29쪽씩 읽습니다.
일주일 동안 몇 쪽을 읽을 수 있을까요?   =7일

식 ____29×7=203____ 답 __203__ 쪽

경답잇해설

46쪽

1 빈칸이 전부 일의 자리에 있으니까,
   십의 자리부터 살펴보기

4×7=28인데
33이라고
되어 있으니까,

일의 자리 수끼리 곱해서
올림한 수가 5

어떤 수와 7을 곱해서
5십몇이 되는 수 찾기

8×7=56 밖에 없음!

2 일의 자리부터 살펴보기

7과 8을
곱하면 56

올림한 5를 더해서 45니까,
어떤 수와 8을 곱한 값은
40이어야 함

5와 8을 곱해야 40

46쪽

3 일의 자리부터
   살펴보기

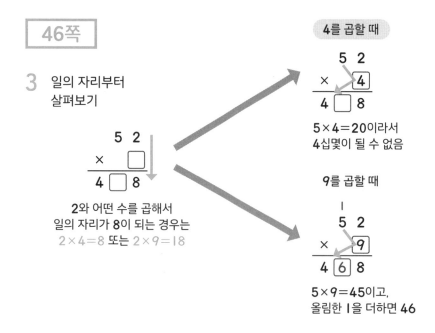

4를 곱할 때

$5 \times 4 = 20$이라서
4십몇이 될 수 없음

9를 곱할 때

$5 \times 9 = 45$이고,
올림한 1을 더하면 46

2와 어떤 수를 곱해서
일의 자리가 8이 되는 경우는
$2 \times 4 = 8$ 또는 $2 \times 9 = 18$

4 빈칸이 전부 일의 자리에 있으니까,
   십의 자리부터 살펴보기

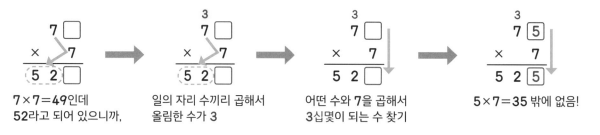

$7 \times 7 = 49$인데
52라고 되어 있으니까,

일의 자리 수끼리 곱해서
올림한 수가 3

어떤 수와 7을 곱해서
3십몇이 되는 수 찾기

$5 \times 7 = 35$ 밖에 없음!

5 빈칸이 전부 일의 자리에 있으니까,
   십의 자리부터 살펴보기

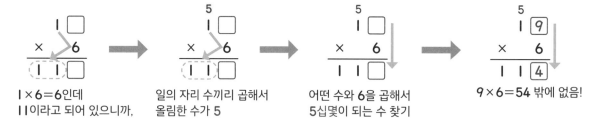

$1 \times 6 = 6$인데
11이라고 되어 있으니까,

일의 자리 수끼리 곱해서
올림한 수가 5

어떤 수와 6을 곱해서
5십몇이 되는 수 찾기

$9 \times 6 = 54$ 밖에 없음!

6 일의 자리부터 살펴보기

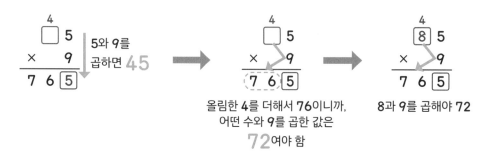

5와 9를
곱하면 45

올림한 4를 더해서 76이니까,
어떤 수와 9를 곱한 값은
72여야 함

8과 9를 곱해야 72

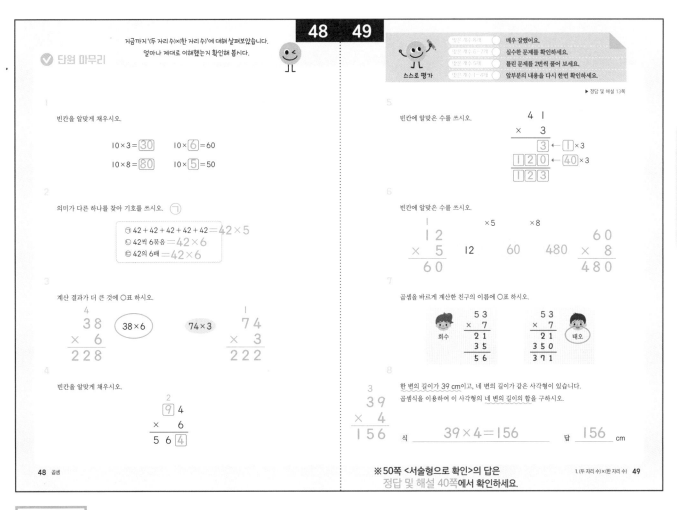

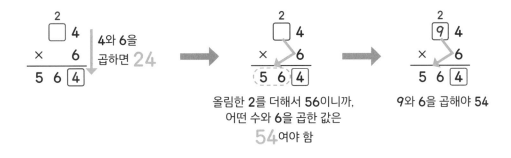

지금까지 '(두 자리 수)×(한 자리 수)'에 대해 살펴보았습니다.
얼마나 제대로 이해했는지 확인해 봅시다.

✓ 단원 마무리

스스로 평가

맞힌 개수 8개	매우 잘했어요.
맞힌 개수 6~7개	실수한 문제를 확인하세요.
맞힌 개수 5개	틀린 문제를 2번씩 풀어 보세요.
맞힌 개수 1~4개	앞부분의 내용을 다시 한번 확인하세요.

▶ 정답 및 해설 13쪽

1 빈칸을 알맞게 채우시오.

$10 \times 3 = \boxed{30}$ $10 \times \boxed{6} = 60$

$10 \times 8 = \boxed{80}$ $10 \times \boxed{5} = 50$

2 의미가 다른 하나를 찾아 기호를 쓰시오. $\boxed{\bigcirc}$

ᄀ $42 + 42 + 42 + 42 + 42 = 42 \times 5$
ᄂ 42씩 6묶음 $= 42 \times 6$
ᄃ 42의 6배 $= 42 \times 6$

3 계산 결과가 더 큰 것에 ○표 하시오.

$\boxed{38 \times 6}$ 74×3

$\begin{array}{r} 38 \\ \times\ 6 \\ \hline 228 \end{array}$ $\begin{array}{r} 74 \\ \times\ 3 \\ \hline 222 \end{array}$

4 빈칸을 알맞게 채우시오.

$\begin{array}{r} \overset{2}{\boxed{9}}4 \\ \times\quad 6 \\ \hline 56\boxed{4} \end{array}$

5 빈칸에 알맞은 수를 쓰시오.

$\begin{array}{r} 41 \\ \times\ 3 \\ \hline \boxed{3} \leftarrow \boxed{1} \times 3 \\ \boxed{1}\boxed{2}\boxed{0} \leftarrow \boxed{40} \times 3 \\ \hline \boxed{1}\boxed{2}\boxed{3} \end{array}$

6 빈칸에 알맞은 수를 쓰시오.

$\begin{array}{r} 12 \\ \times\ 5 \\ \hline 60 \end{array}$ 12   60   480 $\begin{array}{r} 60 \\ \times\ 8 \\ \hline 480 \end{array}$

×5   ×8

7 곱셈을 바르게 계산한 친구의 이름에 ○표 하시오.

회수
$\begin{array}{r} 53 \\ \times\ 7 \\ \hline 21 \\ 35 \\ \hline 56 \end{array}$

$\begin{array}{r} 53 \\ \times\ 7 \\ \hline 21 \\ 350 \\ \hline 371 \end{array}$ 태오

8 한 변의 길이가 39 cm이고, 네 변의 길이가 같은 사각형이 있습니다.
곱셈식을 이용하여 이 사각형의 네 변의 길이의 합을 구하시오.

$\begin{array}{r} 39 \\ \times\ 4 \\ \hline 156 \end{array}$

식 $\underline{\quad 39 \times 4 = 156 \quad}$ 답 $\underline{\quad 156 \quad}$ cm

48 곱셈

※50쪽 <서술형으로 확인>의 답은
정답 및 해설 40쪽에서 확인하세요.

1. (두 자리 수)×(한 자리 수)   49

48쪽

4 일의 자리부터 살펴보기

$\begin{array}{r} \overset{2}{\boxed{}}4 \\ \times\quad 6 \\ \hline 56\boxed{4} \end{array}$ 4와 6을 곱하면 24 → $\begin{array}{r} \overset{2}{\boxed{}}4 \\ \times\quad 6 \\ \hline (5\ 6)\boxed{4} \end{array}$ 올림한 2를 더해서 56이니까, 어떤 수와 6을 곱한 값은 54여야 함 → $\begin{array}{r} \overset{2}{\boxed{9}}4 \\ \times\quad 6 \\ \hline 5\ 6\boxed{4} \end{array}$ 9와 6을 곱해야 54

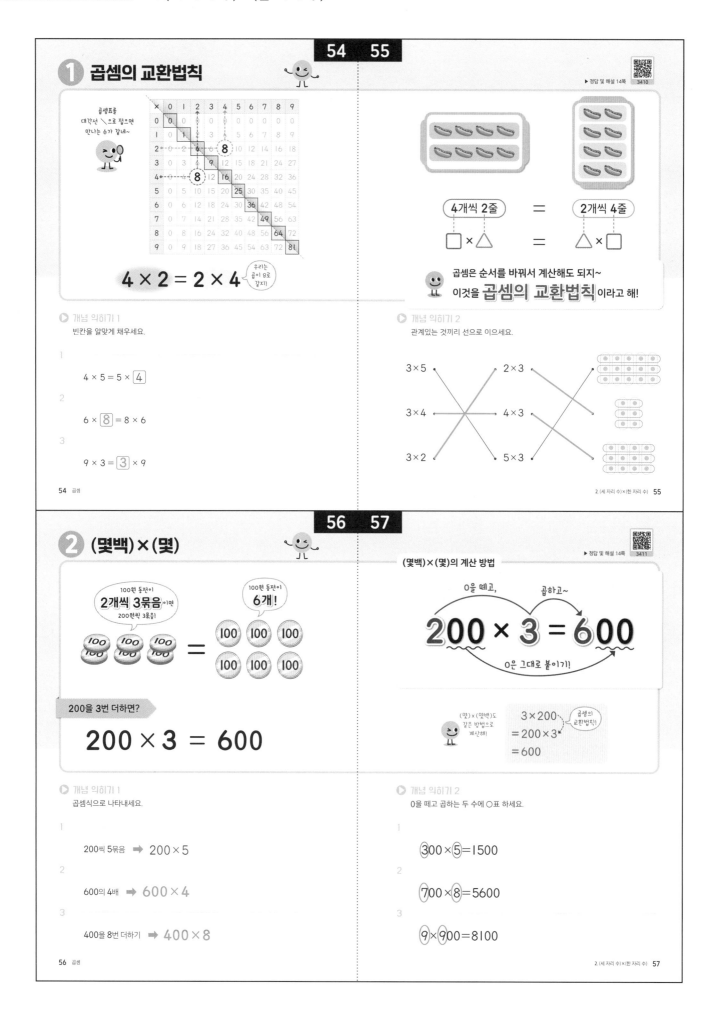

54   55

① 곱셈의 교환법칙

▶정답 및 해설 14쪽

$4 \times 2 = 2 \times 4$

4개씩 2줄 = 2개씩 4줄

□ × △ = △ × □

곱셈은 순서를 바꿔서 계산해도 되지~
이것을 **곱셈의 교환법칙** 이라고 해!

개념 익히기 1

빈칸을 알맞게 채우세요.

1. $4 \times 5 = 5 \times \boxed{4}$

2. $6 \times \boxed{8} = 8 \times 6$

3. $9 \times 3 = \boxed{3} \times 9$

개념 익히기 2

관계있는 것끼리 선으로 이으세요.

3×5 2×3
3×4 4×3
3×2 5×3

54 곱셈

2. (세 자리 수)×(한 자리 수) 55

56   57

② (몇백)×(몇)

▶정답 및 해설 14쪽

(몇백)×(몇)의 계산 방법

0을 떼고, 곱하고~

$200 \times 3 = 600$

0은 그대로 붙이기!

100원 동전이 **2개씩 3묶음** 이면 200원씩 3묶음!

100원 동전이 **6개!**

(몇)×(몇백)도 같은 방법으로 계산해!

3×200
$= 200 \times 3$ 곱셈의 교환법칙
$= 600$

200을 3번 더하면?

$200 \times 3 = 600$

개념 익히기 1

곱셈식으로 나타내세요.

1. 200씩 5묶음 ➡ 200×5

2. 600의 4배 ➡ 600×4

3. 400을 8번 더하기 ➡ 400×8

개념 익히기 2

0을 떼고 곱하는 두 수에 ○표 하세요.

1. $\boxed{3}00 \times \boxed{5} = 1500$

2. $\boxed{7}00 \times \boxed{8} = 5600$

3. $\boxed{9} \times \boxed{9}00 = 8100$

56 곱셈

2. (세 자리 수)×(한 자리 수) 57

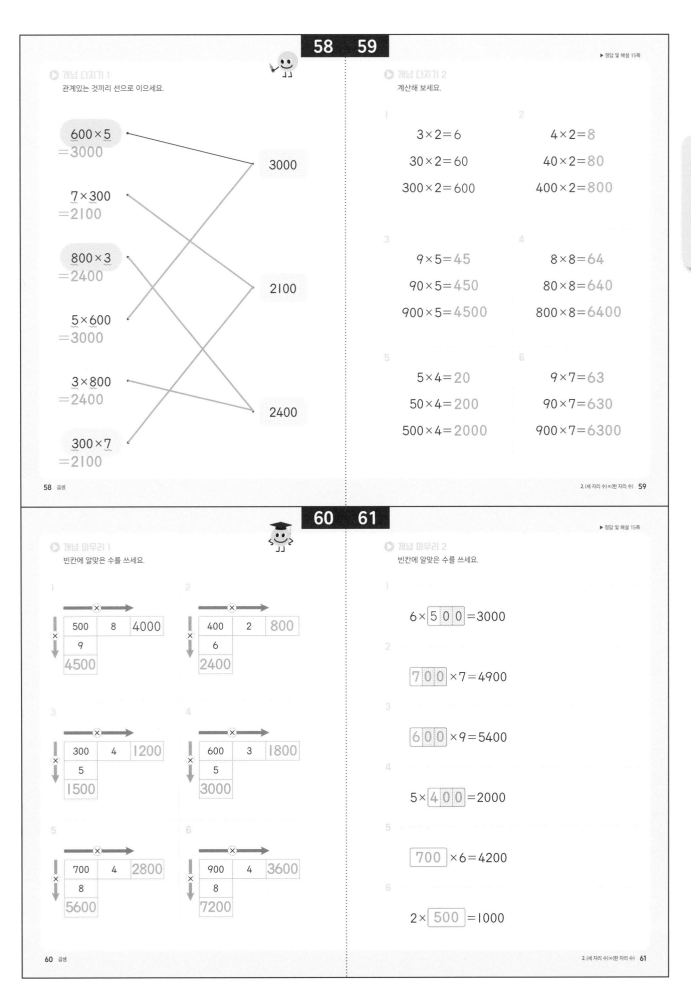

▶ 정답 및 해설 15쪽

개념 다지기 1
관계있는 것끼리 선으로 이으세요.

600×5 =3000

7×300 =2100

800×3 =2400

5×600 =3000

3×800 =2400

300×7 =2100

3000

2100

2400

개념 다지기 2
계산해 보세요.

1
3×2=6
30×2=60
300×2=600

2
4×2=8
40×2=80
400×2=800

3
9×5=45
90×5=450
900×5=4500

4
8×8=64
80×8=640
800×8=6400

5
5×4=20
50×4=200
500×4=2000

6
9×7=63
90×7=630
900×7=6300

개념 마무리 1
빈칸에 알맞은 수를 쓰세요.

1

×→		
500	8	4000
9		
4500		

2

×→		
400	2	800
6		
2400		

3

×→		
300	4	1200
5		
1500		

4

×→		
600	3	1800
5		
3000		

5

×→		
700	4	2800
8		
5600		

6

×→		
900	4	3600
8		
7200		

▶ 정답 및 해설 15쪽

개념 마무리 2
빈칸에 알맞은 수를 쓰세요.

1
6× 500 =3000

2
700 ×7=4900

3
600 ×9=5400

4
5× 400 =2000

5
700 ×6=4200

6
2× 500 =1000

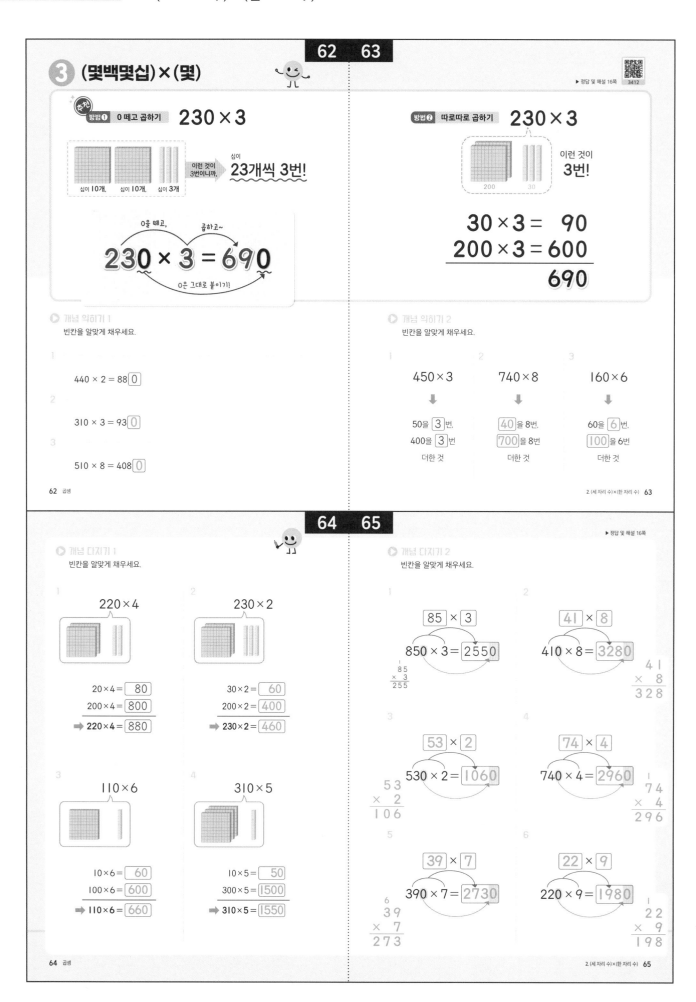

○ 개념 마무리 1
계산해 보세요.

1

$670 \times 3 = 2010$

$$\begin{array}{r} \overset{2}{6}\,7 \\ \times \quad 3 \\ \hline 2\,0\,1 \end{array}$$

2

$360 \times 2 = 720$

$$\begin{array}{r} \overset{1}{3}\,6 \\ \times \quad 2 \\ \hline 7\,2 \end{array}$$

3

$430 \times 5 = 2150$

$$\begin{array}{r} \overset{1}{4}\,3 \\ \times \quad 5 \\ \hline 2\,1\,5 \end{array}$$

4

$910 \times 7 = 6370$

$$\begin{array}{r} 9\,1 \\ \times \quad 7 \\ \hline 6\,3\,7 \end{array}$$

5

$280 \times 3 = 840$

$$\begin{array}{r} \overset{2}{2}\,8 \\ \times \quad 3 \\ \hline 8\,4 \end{array}$$

6

$150 \times 9 = 1350$

$$\begin{array}{r} \overset{4}{1}\,5 \\ \times \quad 9 \\ \hline 1\,3\,5 \end{array}$$

○ 개념 마무리 2
주어진 상황에 알맞은 곱셈식을 쓰고 답을 구하세요.

1

미니 바이킹은 1번 탈 때 500원짜리 동전을 4개 넣어야 합니다. 미니 바이킹을 1번 타려면 얼마가 필요할까요?

식 $500 \times 4 = 2000$ 답   2000 원

2

$$\begin{array}{r} \overset{2}{4}\,8 \\ \times \quad 3 \\ \hline 1\,4\,4 \end{array}$$

좌석이 480개인 소극장에서 빈자리 없이 공연을 3번 했습니다. 관객 수는 모두 몇 명이었을까요?

식 $480 \times 3 = 1440$ 답   1440 명

3

$$\begin{array}{r} \overset{3}{2}\,7 \\ \times \quad 5 \\ \hline 1\,3\,5 \end{array}$$

재아는 270 cm짜리 리본을 5개 가지고 있습니다. 재아가 가지고 있는 리본의 총 길이는 몇 cm일까요?

식 $270 \times 5 = 1350$ 답   1350 cm

4

하윤이는 심부름을 할 때마다 용돈을 900원씩 받습니다.
지난주에 심부름을 4번 했다면 하윤이가 받은 용돈은 얼마였을까요?

식 $900 \times 4 = 3600$ 답   3600 원

5

$$\begin{array}{r} \overset{1}{1}\,2 \\ \times \quad 7 \\ \hline 8\,4 \end{array}$$

현우는 매일 줄넘기를 120개씩 합니다. 일주일 동안 줄넘기를 했다면 모두 몇 개를 했을까요?

$= 7$일

식 $120 \times 7 = 840$ 답   840 개

6

$$\begin{array}{r} \overset{1}{3}\,6 \\ \times \quad 3 \\ \hline 1\,0\,8 \end{array}$$

준모네 가족은 1인분에 360 g인 파스타를 3인분 먹었습니다. 준모네 가족이 먹은 파스타는 모두 몇 g일까요?

식 $360 \times 3 = 1080$ 답   1080 g

---

④ (세 자리 수)×(한 자리 수) (1)

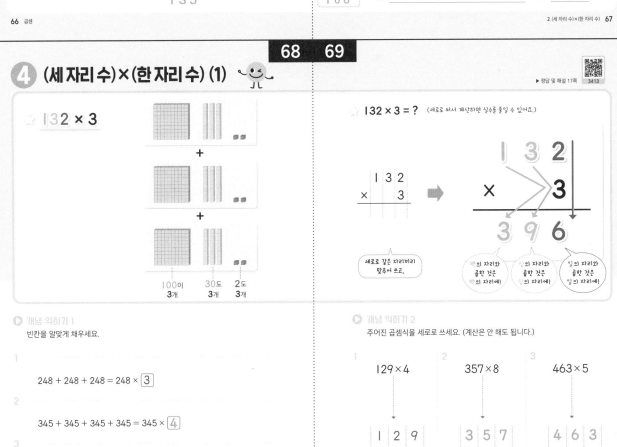

○ 개념 익히기 1
빈칸을 알맞게 채우세요.

1

$248 + 248 + 248 = 248 \times \boxed{3}$

2

$345 + 345 + 345 + 345 = 345 \times \boxed{4}$

3

$637 + 637 + 637 + 637 + 637 = 637 \times \boxed{5}$

○ 개념 익히기 2
주어진 곱셈식을 세로로 쓰세요. (계산은 안 해도 됩니다.)

1

129×4

$$\begin{array}{r} 1\,2\,9 \\ \times \quad 4 \\ \hline \end{array}$$

2

357×8

$$\begin{array}{r} 3\,5\,7 \\ \times \quad 8 \\ \hline \end{array}$$

3

463×5

$$\begin{array}{r} 4\,6\,3 \\ \times \quad 5 \\ \hline \end{array}$$

70　71

▶ 정답 및 해설 18쪽

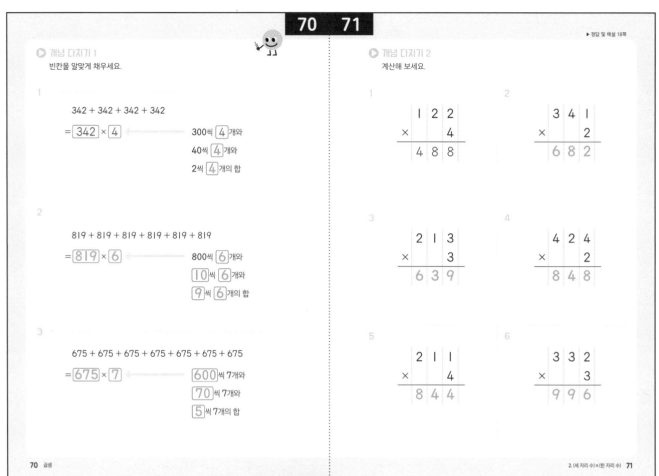

▶ 개념 다지기 1

빈칸을 알맞게 채우세요.

1
342 + 342 + 342 + 342
= 342 × 4 ◀────── 300씩 4 개와
　　　　　　　　　40씩 4 개와
　　　　　　　　　2씩 4 개의 합

2
819 + 819 + 819 + 819 + 819 + 819
= 819 × 6 ◀────── 800씩 6 개와
　　　　　　　　　10 씩 6 개와
　　　　　　　　　9 씩 6 개의 합

3
675 + 675 + 675 + 675 + 675 + 675 + 675
= 675 × 7 ◀────── 600 씩 7개와
　　　　　　　　　70 씩 7개와
　　　　　　　　　5 씩 7개의 합

▶ 개념 다지기 2

계산해 보세요.

1
```
  1 2 2
×     4
─────
  4 8 8
```

2
```
  3 4 1
×     2
─────
  6 8 2
```

3
```
  2 1 3
×     3
─────
  6 3 9
```

4
```
  4 2 4
×     2
─────
  8 4 8
```

5
```
  2 1 1
×     4
─────
  8 4 4
```

6
```
  3 3 2
×     3
─────
  9 9 6
```

72

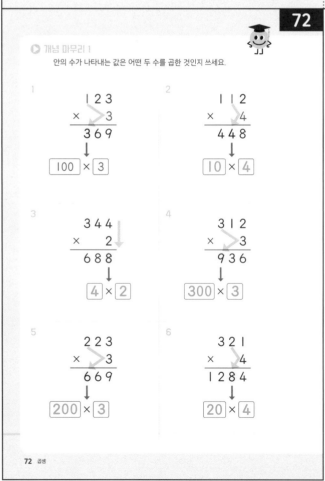

▶ 개념 마무리 1

안의 수가 나타내는 값은 어떤 두 수를 곱한 것인지 쓰세요.

1
```
  1 2 3
×     3
─────
  3 6 9
```
↓
100 × 3

2
```
  1 1 2
×     4
─────
  4 4 8
```
↓
10 × 4

3
```
  3 4 4
×     2
─────
  6 8 8
```
↓
4 × 2

4
```
  3 1 2
×     3
─────
  9 3 6
```
↓
300 × 3

5
```
  2 2 3
×     3
─────
  6 6 9
```
↓
200 × 3

6
```
  3 2 1
×     4
─────
1 2 8 4
```
↓
20 × 4

1 일의 자리부터 살펴보기

```
  2 2 1
×     4
□ 8 4
```
1과 4를
곱해야 4

↓

```
  2 2 1
×     4
8 8 4
```

2와 4를
곱하면 8

▶ 정답 및 해설 1□~2□

● 개념 마무리 2
빈칸에 알맞은 수를 쓰세요.

1
```
  2 2 1
×     4
8 8 4
```

2
```
2 4 3
×   2
4 8 6
```

3
```
  1 3 1
×     3
  3 9 3
```

4
```
2 1 2
×   4
8 4 8
```

5
```
  4 2 4
×     2
  8 4 8
```

6
```
3 2 1
×   3
9 6 3
```

2. (세 자리 수)×(한 자리 수) **73**

---

2 일의 자리부터 살펴보기

```
□ 4 3
×   2
4 8 6
```
3과 2를
곱하면 6

↓

```
2 4 3
×   2
4 8 6
```

2와 2를
곱해야 4

3 일의 자리부터 살펴보기

```
1 3 1
×   3
3 □ 3
```
1과 3을
곱해야 3

↓

```
1 3 1
×   3
3 9 3
```

3과 3을
곱하면 9

4 일의 자리부터 살펴보기

```
2 □ 2
×   4
8 4 8
```
2와 4를
곱하면 8

↓

```
2 1 2
×   4
8 4 8
```

1과 4를
곱해야 4

73쪽

5 일의 자리부터 살펴보기

```
    4 2 [4]    4와 2를
×     2     곱해야 8
  [ ] 4 8
```

↓

```
    4 2 [4]
×     2
 [8] 4 8
```

4와 2를
곱하면 **8**

6 일의 자리부터 살펴보기

```
    3 [ ] 1    1과 3을
×       3     곱하면 3
  [ ] 6 [3]
```

↓

```
    3 [2] 1          3 [2] 1
×      3      →   ×      3
  [ ] 6 [3]        [9] 6 [3]
```

2와 3을   3과 3을
곱해야 6   곱하면 **9**

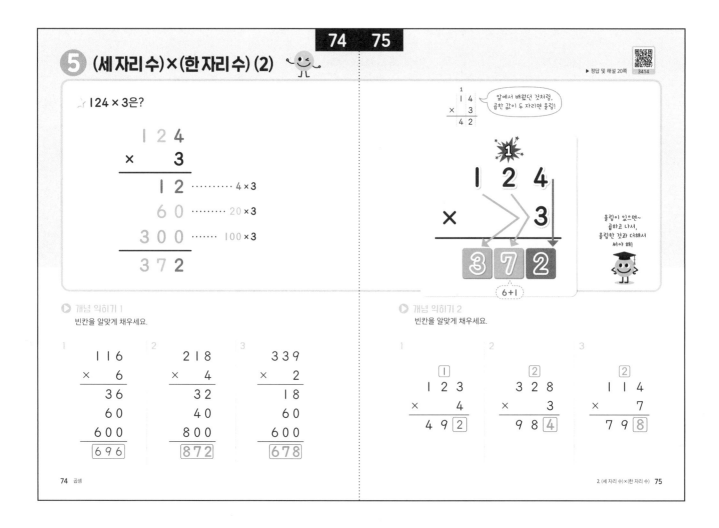

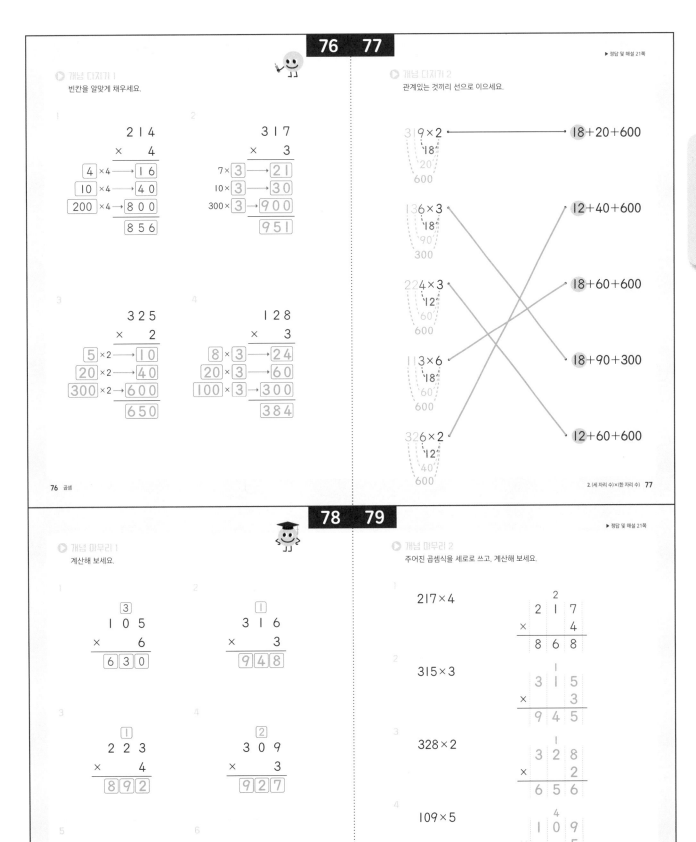

▶ 정답 및 해설 21쪽

개념 다지기 1

빈칸을 알맞게 채우세요.

1
```
      2 1 4
    ×     4
 4 ×4 → 1 6
10 ×4 → 4 0
200 ×4 → 8 0 0
      8 5 6
```

2
```
      3 1 7
    ×     3
 7 ×3 → 2 1
10 ×3 → 3 0
300 ×3 → 9 0 0
      9 5 1
```

3
```
      3 2 5
    ×     2
  5 ×2 → 1 0
 20 ×2 → 4 0
300 ×2 → 6 0 0
      6 5 0
```

4
```
      1 2 8
    ×     3
  8 ×3 → 2 4
 20 ×3 → 6 0
100 ×3 → 3 0 0
      3 8 4
```

개념 다지기 2

관계있는 것끼리 선으로 이으세요.

319×2 ——— 18+20+600

136×3 ——— 12+40+600

224×3 ——— 18+60+600

113×6 ——— 18+90+300

326×2 ——— 12+60+600

▶ 정답 및 해설 21쪽

개념 마무리 1

계산해 보세요.

1
```
    ③
  1 0 5
×     6
  6 3 0
```

2
```
    ①
  3 1 6
×     3
  9 4 8
```

3
```
    ①
  2 2 3
×     4
  8 9 2
```

4
```
    ②
  3 0 9
×     3
  9 2 7
```

5
```
    1
  4 3 7
×     2
  8 7 4
```

6
```
    1
  1 1 2
×     8
  8 9 6
```

개념 마무리 2

주어진 곱셈식을 세로로 쓰고, 계산해 보세요.

1
217×4
```
    2
  2 1 7
×     4
  8 6 8
```

2
315×3
```
    1
  3 1 5
×     3
  9 4 5
```

3
328×2
```
    1
  3 2 8
×     2
  6 5 6
```

4
109×5
```
    4
  1 0 9
×     5
  5 4 5
```

5
218×4
```
    3
  2 1 8
×     4
  8 7 2
```

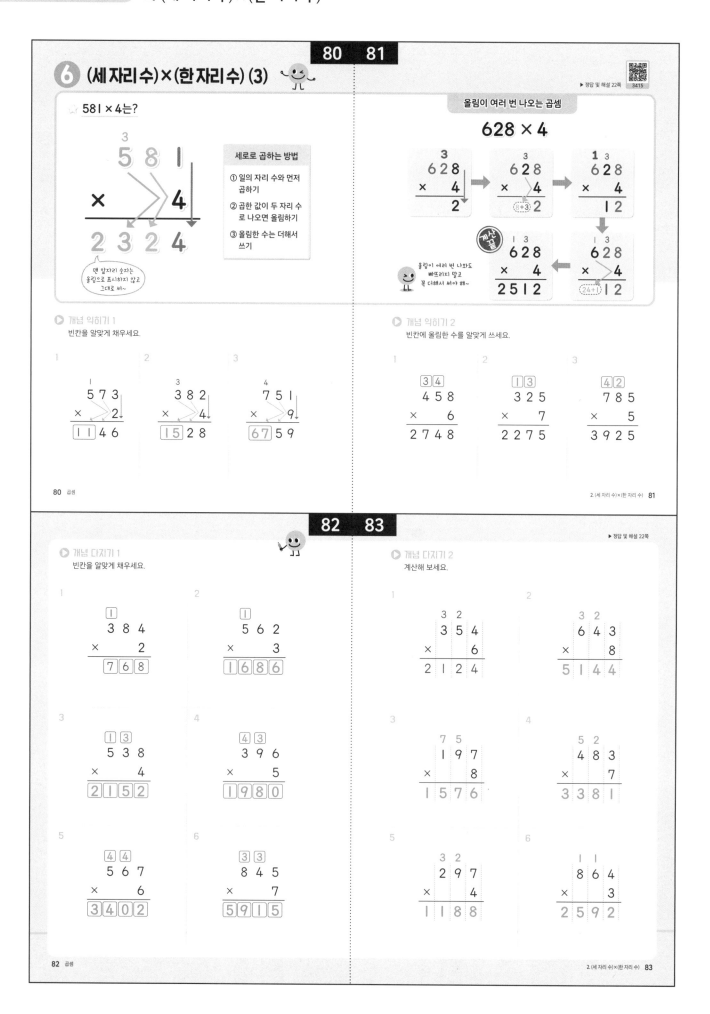

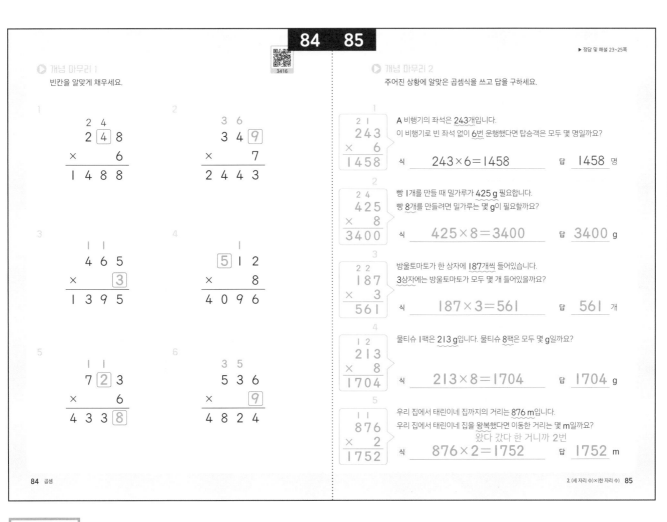

▶ 정답 및 해설 23~25쪽

개념 마무리 1
빈칸을 알맞게 채우세요.

1
```
    2 4
  2 4 8
×     6
1 4 8 8
```

2
```
    3 6
  3 4 9
×     7
2 4 4 3
```

3
```
  1 1
  4 6 5
×     3
1 3 9 5
```

4
```
    1
  5 1 2
×     8
4 0 9 6
```

5
```
  1 1
  7 2 3
×     6
4 3 3 8
```

6
```
    3 5
  5 3 6
×     9
4 8 2 4
```

개념 마무리 2
주어진 상황에 알맞은 곱셈식을 쓰고 답을 구하세요.

1
```
  2 1
  2 4 3
×     6
1 4 5 8
```
A 비행기의 좌석은 243개입니다.
이 비행기로 빈 좌석 없이 6번 운행했다면 탑승객은 모두 몇 명일까요?
식 $243 \times 6 = 1458$ 답 1458 명

2
```
  2 4
  4 2 5
×     8
3 4 0 0
```
빵 1개를 만들 때 밀가루가 425 g 필요합니다.
빵 8개를 만들려면 밀가루는 몇 g이 필요할까요?
식 $425 \times 8 = 3400$ 답 3400 g

3
```
  2 2
  1 8 7
×     3
  5 6 1
```
방울토마토가 한 상자에 187개씩 들어있습니다.
3상자에는 방울토마토가 모두 몇 개 들어있을까요?
식 $187 \times 3 = 561$ 답 561 개

4
```
  1 2
  2 1 3
×     8
1 7 0 4
```
물티슈 1팩은 213 g입니다. 물티슈 8팩은 모두 몇 g일까요?
식 $213 \times 8 = 1704$ 답 1704 g

5
```
  1 1
  8 7 6
×     2
1 7 5 2
```
우리 집에서 태린이네 집까지의 거리는 876 m입니다.
우리 집에서 태린이네 집을 왕복했다면 이동한 거리는 몇 m일까요?
       왔다 갔다 한 거니까 2번
식 $876 \times 2 = 1752$ 답 1752 m

84 곱셈

2. (세 자리 수)×(한 자리 수) 85

84쪽

1 일의 자리부터 살펴보기

```
    4
  2 □ 8      8×6=48
×     6      이니까,
1 4 8 8      4를 올림
```

올림한 4를 더해서 몇십8이니까,
어떤 수와 6을 곱한 값은
몇십4여야 함

→ 가능한 경우는
$4 \times 6 = 24$, $9 \times 6 = 54$

빈칸에 4를 넣어보기

```
    2 4
  2 4 8
×     6     계산 결과가
1 4 8 8     1488이니까,
            정답
```

빈칸에 9를 넣어보기

```
    5 4
  2 9 8
×     6     계산 결과가
1 7 8 8     1788이니까,
            정답이 아님
```

정답 및 해설 **23**

84쪽

2 일의 자리부터 살펴보기

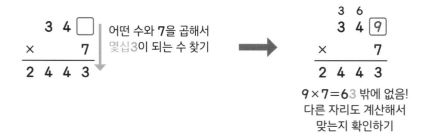

```
    3 4 □      어떤 수와 7을 곱해서
  ×     7      몇십3이 되는 수 찾기
  2 4 4 3
```

```
      3 6
    3 4 9
  ×     7
  2 4 4 3
```

9×7=63 밖에 없음!
다른 자리도 계산해서
맞는지 확인하기

---

3 일의 자리부터 살펴보기

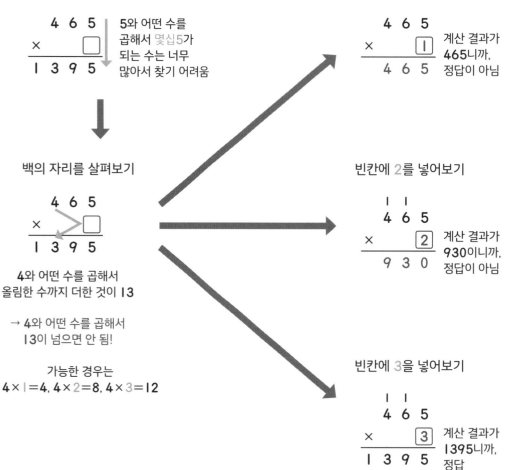

```
    4 6 5      5와 어떤 수를
  ×   □        곱해서 몇십5가
  1 3 9 5      되는 수는 너무
              많아서 찾기 어려움
```

빈칸에 1을 넣어보기

```
    4 6 5      계산 결과가
  ×     1      465니까,
  4 6 5        정답이 아님
```

백의 자리를 살펴보기

```
    4 6 5
  ×     □
  1 3 9 5
```

4와 어떤 수를 곱해서
올림한 수까지 더한 것이 13

→ 4와 어떤 수를 곱해서
13이 넘으면 안 됨!

가능한 경우는
4×1=4, 4×2=8, 4×3=12

빈칸에 2를 넣어보기

```
    1 1
    4 6 5      계산 결과가
  ×     2      930이니까,
  9 3 0        정답이 아님
```

빈칸에 3을 넣어보기

```
    1 1
    4 6 5      계산 결과가
  ×     3      1395니까,
  1 3 9 5      정답
```

---

4 일의 자리부터 살펴보기

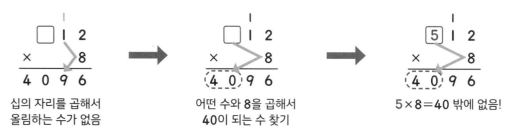

```
      1
  □ 1 2
  ×     8
  4 0 9 6
```
십의 자리를 곱해서
올림하는 수가 없음

```
      1
  □ 1 2
  ×     8
 (4 0) 9 6
```
어떤 수와 8을 곱해서
40이 되는 수 찾기

```
      1
  5 1 2
  ×     8
 (4 0) 9 6
```
5×8=40 밖에 없음!

84쪽

5 일의 자리부터 살펴보기

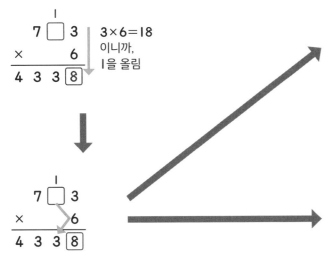

$3 \times 6 = 18$
이니까,
1을 올림

올림한 1을 더해서 몇십3이니까,
어떤 수와 6을 곱한 값은
몇십2여야 함

→ 가능한 경우는
$2 \times 6 = 12$, $7 \times 6 = 42$

빈칸에 2를 넣어보기

$$\begin{array}{r} \overset{1}{}\overset{1}{} \\ 7\boxed{2}3 \\ \times 6 \\ \hline 433\boxed{8} \end{array}$$

계산 결과가
4338이니까, 정답

빈칸에 7을 넣어보기

$$\begin{array}{r} \overset{4}{}\overset{1}{} \\ 7\boxed{7}3 \\ \times 6 \\ \hline 463\boxed{8} \end{array}$$

계산 결과가
4638이니까,
정답이 아님

6 일의 자리부터 살펴보기

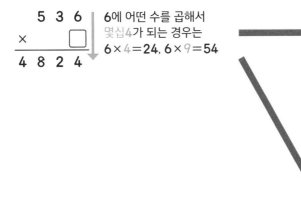

6에 어떤 수를 곱해서
몇십4가 되는 경우는
$6 \times 4 = 24$, $6 \times 9 = 54$

빈칸에 4를 넣어보기

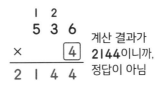

계산 결과가
2144이니까,
정답이 아님

빈칸에 9를 넣어보기

$$\begin{array}{r} \overset{3}{}\overset{5}{} \\ 536 \\ \times \boxed{9} \\ \hline 4824 \end{array}$$

계산 결과가
4824이니까,
정답

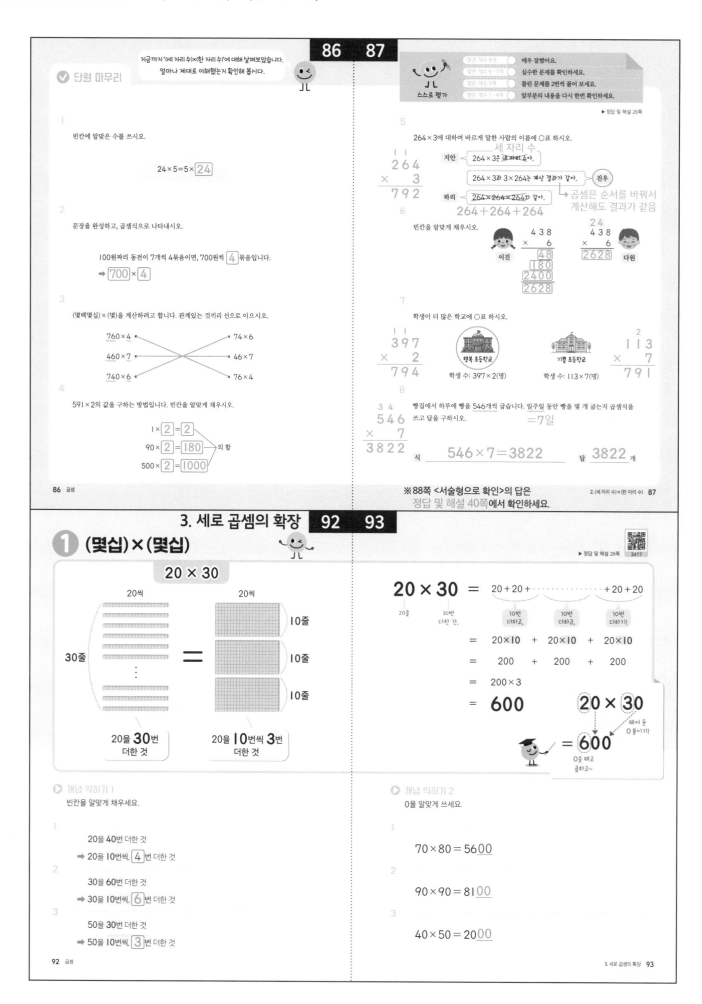

86 87

지금까지 '(세 자리 수)×(한 자리 수)'에 대해 살펴보았습니다.
얼마나 제대로 이해했는지 확인해 봅시다.

단원 마무리

맞은 개수 8개	매우 잘했어요.
맞은 개수 6~7개	실수한 문제를 확인하세요.
맞은 개수 5개	틀린 문제를 2번씩 풀어 보세요.
맞은 개수 1~4개	앞부분의 내용을 다시 한번 확인하세요.

스스로 평가

▶ 정답 및 해설 26쪽

1 빈칸에 알맞은 수를 쓰시오.

$24 \times 5 = 5 \times \boxed{24}$

2 문장을 완성하고, 곱셈식으로 나타내시오.

100원짜리 동전이 7개씩 4묶음이면, 700원씩 $\boxed{4}$ 묶음입니다.

➡ $\boxed{700} \times \boxed{4}$

3 (몇백몇십)×(몇)을 계산하려고 합니다. 관계있는 것끼리 선으로 이으시오.

760×4 ⟶ 74×6
460×7 ⟶ 46×7
740×6 ⟶ 76×4

4 591×2의 값을 구하는 방법입니다. 빈칸을 알맞게 채우시오.

$1 \times \boxed{2} = \boxed{2}$
$90 \times \boxed{2} = \boxed{180}$ ⎤ 의 합
$500 \times \boxed{2} = \boxed{1000}$ ⎦

5 264×3에 대하여 바르게 말한 사람의 이름에 ○표 하시오.

세 자리 수
$\begin{array}{r} 1\;1 \\ 2\;6\;4 \\ \times\quad 3 \\ \hline 7\;9\;2 \end{array}$

지안 ⟨264×3은 세 자리야.⟩
⟨264×3과 3×264는 계산 결과가 같아.⟩ 진우
하리 ⟨264×264×264와 같아.⟩
264+264+264

곱셈은 순서를 바꿔서
계산해도 결과가 같음

6 빈칸을 알맞게 채우시오.

이진
$\begin{array}{r} 4\;3\;8 \\ \times\quad 6 \\ \hline \boxed{48} \\ \boxed{180} \\ 2400 \\ \hline \boxed{2628} \end{array}$

다원
$\begin{array}{r} 2\;4 \\ 4\;3\;8 \\ \times\quad 6 \\ \hline \boxed{2628} \end{array}$

7 학생이 더 많은 학교에 ○표 하시오.

$\begin{array}{r} 1\;1 \\ 3\;9\;7 \\ \times\quad 2 \\ \hline 7\;9\;4 \end{array}$

행복 초등학교
학생 수: 397×2(명)

기쁨 초등학교
학생 수: 113×7(명)

$\begin{array}{r} 2 \\ 1\;1\;3 \\ \times\quad 7 \\ \hline 7\;9\;1 \end{array}$

8 빵집에서 하루에 빵을 546개를 굽습니다. 일주일 동안 빵을 몇 개 굽는지 곱셈식을 쓰고 답을 구하시오.

$\begin{array}{r} 3\;4 \\ 5\;4\;6 \\ \times\quad 7 \\ \hline 3\;8\;2\;2 \end{array}$ =7일

식 $546 \times 7 = 3822$ 답 3822 개

※88쪽 <서술형으로 확인>의 답은
정답 및 해설 40쪽에서 확인하세요.

86 곱셈   2. (세 자리 수)×(한 자리 수) 87

---

3. 세로 곱셈의 확장   **92 93**

❶ (몇십)×(몇십)

▶ 정답 및 해설 26쪽
3417

20 × 30

20씩   20씩

30줄 = 10줄 / 10줄 / ⋮ / 10줄

20을 30번 더한 것   20을 10번씩 3번 더한 것

$20 \times 30 = 20 + 20 + \cdots\cdots + 20 + 20$
20을   30번 더한 것   10번 더하고, 10번 더하고, 10번 더하기
$= 20 \times 10 + 20 \times 10 + 20 \times 10$
$= 200 + 200 + 200$
$= 200 \times 3$
$= 600$

20 × 30
떼어 둔 0 붙이기
$= 600$
0을 떼고 곱하고~

개념 익히기 1
빈칸을 알맞게 채우세요.

1 20을 40번 더한 것
➡ 20을 10번씩 $\boxed{4}$ 번 더한 것

2 30을 60번 더한 것
➡ 30을 10번씩 $\boxed{6}$ 번 더한 것

3 50을 30번 더한 것
➡ 50을 10번씩 $\boxed{3}$ 번 더한 것

개념 익히기 2
0을 알맞게 쓰세요.

1 $70 \times 80 = 56\underline{00}$

2 $90 \times 90 = 81\underline{00}$

3 $40 \times 50 = 20\underline{00}$

92 곱셈   3. 세로 곱셈의 확장 93

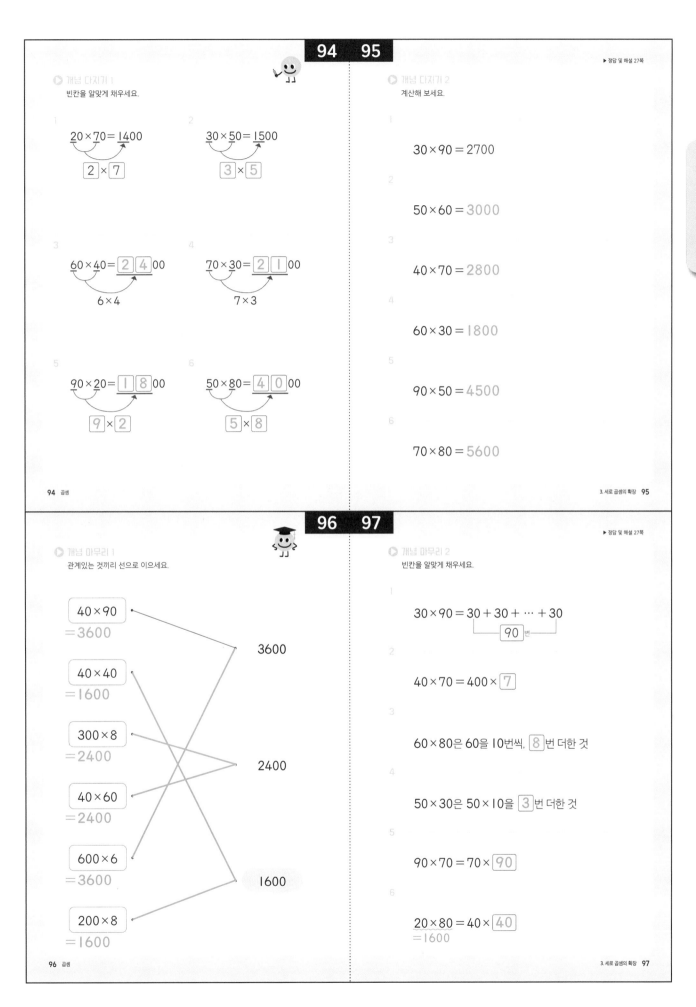

▶ 정답 및 해설 27쪽

개념 다지기 1
빈칸을 알맞게 채우세요.

1
$20 \times 70 = 1400$
$\boxed{2} \times \boxed{7}$

2
$30 \times 50 = 1500$
$\boxed{3} \times \boxed{5}$

3
$60 \times 40 = \boxed{2}\boxed{4}00$
6×4

4
$70 \times 30 = \boxed{2}\boxed{1}00$
7×3

5
$90 \times 20 = \boxed{1}\boxed{8}00$
$\boxed{9} \times \boxed{2}$

6
$50 \times 80 = \boxed{4}\boxed{0}00$
$\boxed{5} \times \boxed{8}$

94 곱셈

개념 다지기 2
계산해 보세요.

1
$30 \times 90 = 2700$

2
$50 \times 60 = 3000$

3
$40 \times 70 = 2800$

4
$60 \times 30 = 1800$

5
$90 \times 50 = 4500$

6
$70 \times 80 = 5600$

3. 세로 곱셈의 확장 95

▶ 정답 및 해설 27쪽

개념 마무리 1
관계있는 것끼리 선으로 이으세요.

40×90
$= 3600$

40×40
$= 1600$

300×8
$= 2400$

40×60
$= 2400$

600×6
$= 3600$

200×8
$= 1600$

3600

2400

1600

96 곱셈

개념 마무리 2
빈칸을 알맞게 채우세요.

1
$30 \times 90 = 30 + 30 + \cdots + 30$
$\boxed{90}$ 번

2
$40 \times 70 = 400 \times \boxed{7}$

3
60×80은 60을 10번씩, $\boxed{8}$ 번 더한 것

4
50×30은 50×10을 $\boxed{3}$ 번 더한 것

5
$90 \times 70 = 70 \times \boxed{90}$

6
$20 \times 80 = 40 \times \boxed{40}$
$= 1600$

3. 세로 곱셈의 확장 97

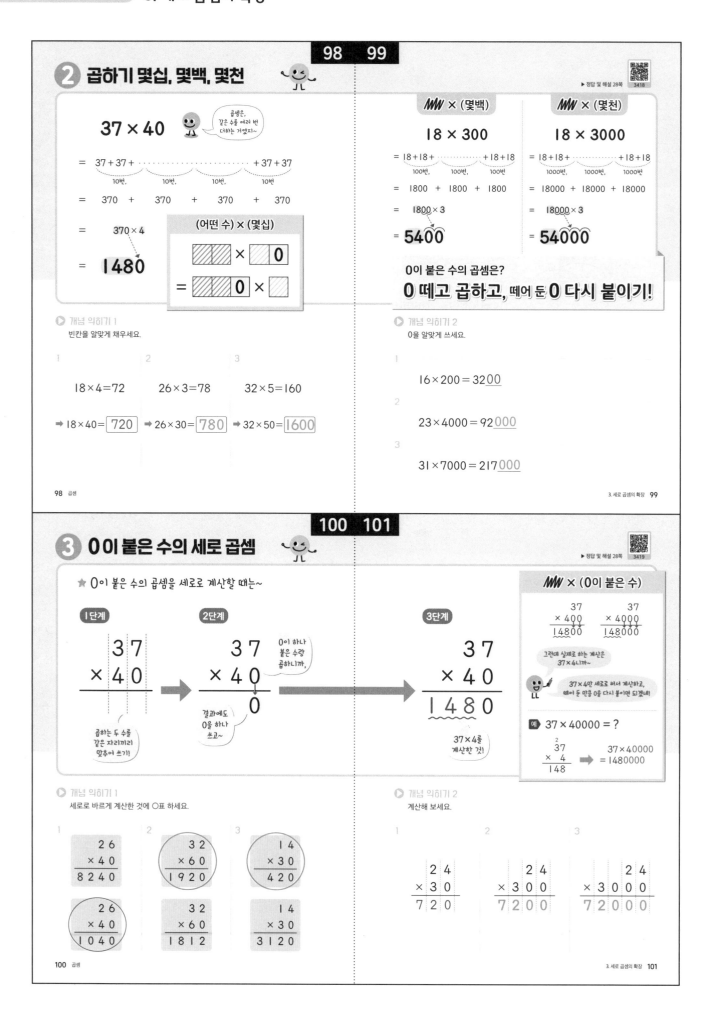

▶ 정답 및 해설 29쪽

▶ 개념 다지기 1

관계있는 것끼리 선으로 이으세요.

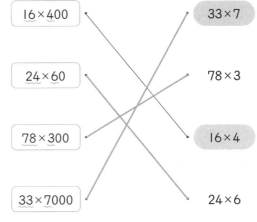

16×400

24×60

78×300

33×7000

33×7

78×3

16×4

24×6

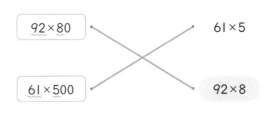

92×80

61×500

61×5

92×8

▶ 개념 다지기 2

계산해 보세요.

1
```
      4 4
  ×  3 0 0
  1 3 2 0 0
```

2
```
      3 8
  ×  2 0 0
    7 6 0 0
```

3
```
      2 9
  ×   3 0
    8 7 0
```

4
```
      3 4
  × 4 0 0 0
  1 3 6 0 0 0
```

5
```
      3 2
  ×  6 0 0
  1 9 2 0 0
```

6
```
      7 3
  × 5 0 0 0
  3 6 5 0 0 0
```

▶ 정답 및 해설 29쪽

▶ 개념 마무리 1

실제로 계산을 해야 하는 수에 ○표 하고, 계산해 보세요.

1
㉕×③00 = 7500
```
    1
    2 5
  ×   3
    7 5
```

2
㉝×⑤00 = 16500
```
      1
    3 3
  ×   5
  1 6 5
```

3
㉘×⑥000 = 168000
```
      4
    2 8
  ×   6
  1 6 8
```

4
②00×㊄ = 10800
```
    5 4
  ×   2
  1 0 8
```

5
③000×㊿ = 189000
```
    6 3
  ×   3
  1 8 9
```

6
㉑×⑦00 = 14700
```
    2 1
  ×   7
  1 4 7
```

▶ 개념 마무리 2

주어진 상황에 알맞은 곱셈식을 쓰고 답을 구하세요.

1
```
    4
    2 7
  ×   6
  1 6 2
```
우리 반 학생은 27명입니다. 600원짜리 색연필을 사서 우리 반 학생들에게 1자루씩 나누어 주려면 얼마가 필요할까요?

식 27×600＝16200   답 16200 원

2
```
    2
    5 6
  ×   4
  2 2 4
```
어떤 책은 총 40쪽입니다. 같은 책이 56권 있다면 모두 몇 쪽일까요?

식 40×56＝2240   답 2240 쪽

3
```
    1
    3 5
  ×   3
  1 0 5
```
찬민이는 3000원짜리 컵밥을 35개 주문했습니다. 얼마를 내야 할까요?

식 3000×35＝105000   답 105000원

4
```
    2
    4 8
  ×   3
  1 4 4
```
한 번에 300명씩 관람할 수 있는 영화 상영관이 있습니다. 이 상영관에서 빈 좌석 없이 48번 상영한다면 관객은 모두 몇 명일까요?

식 300×48＝14400   답 14400 명

5
```
    1 4
  ×   2
  2 8
```
하루에 줄넘기를 2000개씩 했습니다. 2주 동안 모두 몇 개를 했을까요?
＝14일

식 2000×14＝28000   답 28000 개

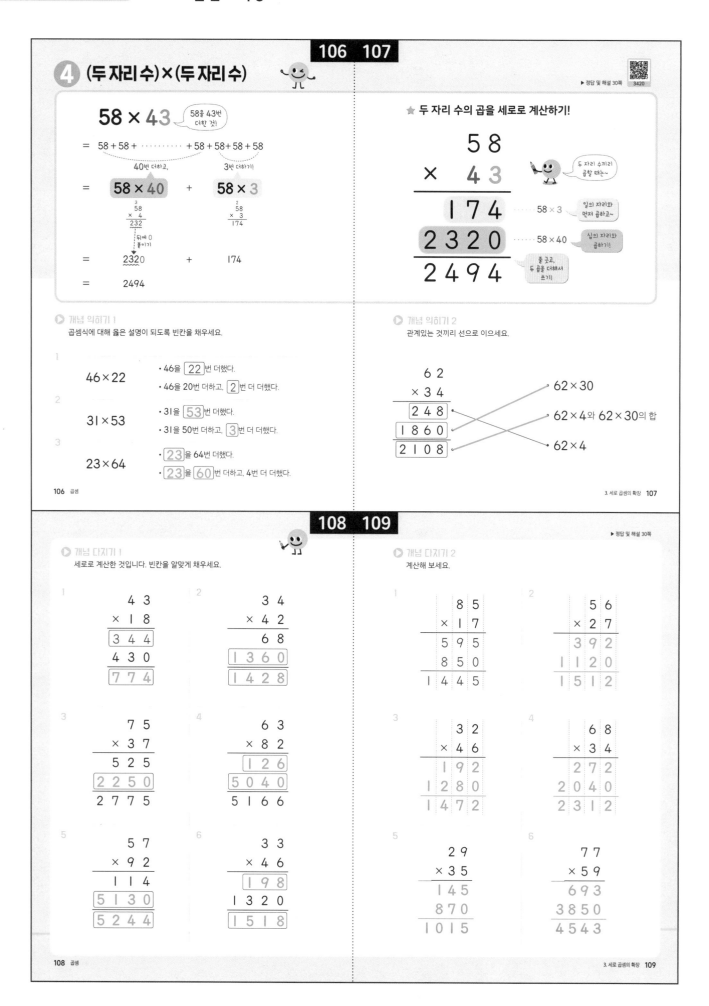

▶정답 및 해설 31쪽

○ 개념 마무리 1

나타내는 수가 같은 것끼리 선으로 이으세요.

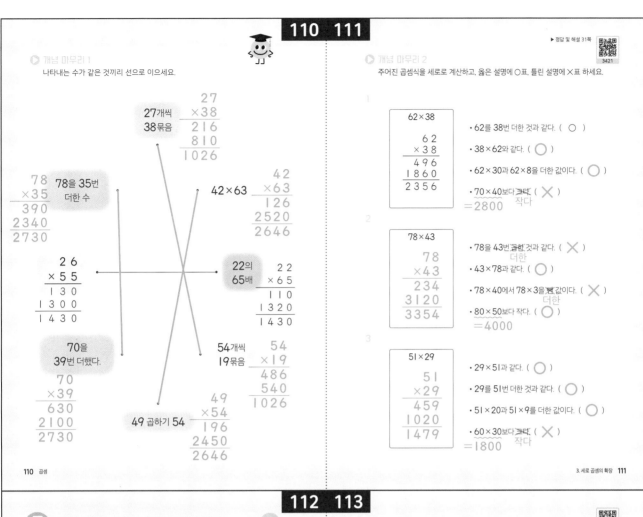

○ 개념 마무리 2

주어진 곱셈식을 세로로 계산하고, 옳은 설명에 ○표, 틀린 설명에 ✕표 하세요.

110 곱셈

3. 세로 곱셈의 확장 111

5 (세 자리 수)×(두 자리 수)

▶정답 및 해설 31쪽

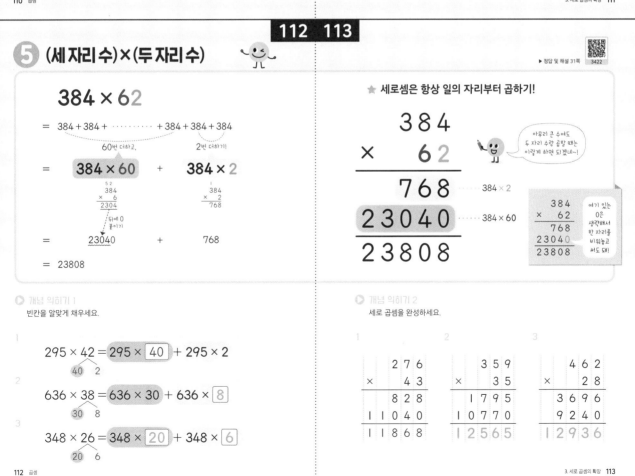

○ 개념 익히기 1

빈칸을 알맞게 채우세요.

1 $295 \times 42 = 295 \times \boxed{40} + 295 \times 2$

2 $636 \times 38 = 636 \times 30 + 636 \times \boxed{8}$

3 $348 \times 26 = 348 \times \boxed{20} + 348 \times \boxed{6}$

○ 개념 익히기 2

세로 곱셈을 완성하세요.

112 곱셈

3. 세로 곱셈의 확장 113

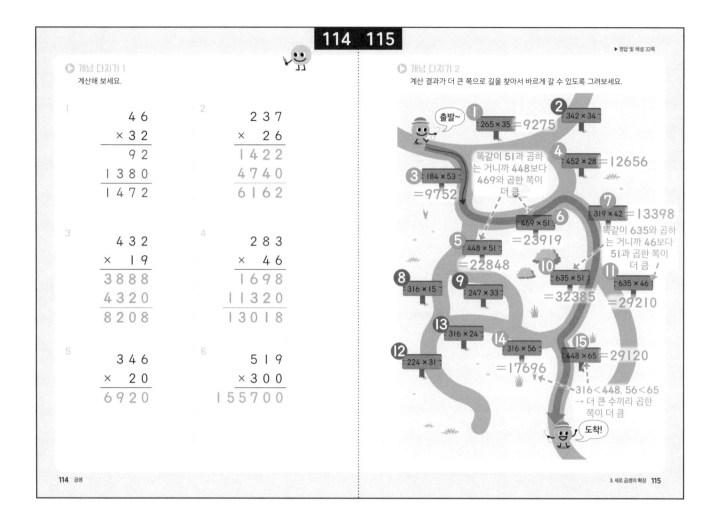

114 115

▶ 정답 및 해설 32쪽

개념 다지기 1
계산해 보세요.

1
```
      4 6
  ×   3 2
      9 2
  1 3 8 0
  1 4 7 2
```

2
```
    2 3 7
  ×    2 6
  1 4 2 2
  4 7 4 0
  6 1 6 2
```

3
```
    4 3 2
  ×     1 9
  3 8 8 8
  4 3 2 0
  8 2 0 8
```

4
```
    2 8 3
  ×    4 6
  1 6 9 8
  1 1 3 2 0
  1 3 0 1 8
```

5
```
    3 4 6
  ×    2 0
  6 9 2 0
```

6
```
    5 1 9
  ×  3 0 0
  1 5 5 7 0 0
```

개념 다지기 2
계산 결과가 더 큰 쪽으로 길을 찾아서 바르게 갈 수 있도록 그려보세요.

출발~

① 265 × 35 = 9275
② 342 × 34 = 11628
③ 184 × 53 = 9752
④ 452 × 28 = 12656
⑤ 448 × 51 = 22848
⑥ 469 × 51 = 23919
⑦ 319 × 42 = 13398
⑧ 316 × 15
⑨ 247 × 33
⑩ 635 × 51 = 32385
⑪ 635 × 46 = 29210
⑫ 224 × 31
⑬ 316 × 24
⑭ 316 × 56 = 17696
⑮ 448 × 65 = 29120

똑같이 51과 곱하는 거니까 448보다 469와 곱한 쪽이 더 큼

똑같이 635와 곱하는 거니까 46보다 51과 곱한 쪽이 더 큼

316<448, 56<65 → 더 큰 수끼리 곱한 쪽이 더 큼

도착!

115쪽

①
```
    2 6 5
  ×    3 5
  1 3 2 5
  7 9 5 0
  9 2 7 5
```

②
```
    3 4 2
  ×    3 4
  1 3 6 8
  1 0 2 6 0
  1 1 6 2 8
```

③
```
    1 8 4
  ×    5 3
    5 5 2
  9 2 0 0
  9 7 5 2
```

④
```
    4 5 2
  ×    2 8
  3 6 1 6
  9 0 4 0
  1 2 6 5 6
```

⑤
```
    4 4 8
  ×    5 1
    4 4 8
  2 2 4 0 0
  2 2 8 4 8
```

⑥
```
    4 6 9
  ×    5 1
    4 6 9
  2 3 4 5 0
  2 3 9 1 9
```

⑦
```
    3 1 9
  ×    4 2
    6 3 8
  1 2 7 6 0
  1 3 3 9 8
```

⑧
```
    3 1 6
  ×    1 5
  1 5 8 0
  3 1 6 0
  4 7 4 0
```

⑨
```
    2 4 7
  ×    3 3
    7 4 1
  7 4 1 0
  8 1 5 1
```

⑩
```
    6 3 5
  ×    5 1
    6 3 5
  3 1 7 5 0
  3 2 3 8 5
```

⑪
```
    6 3 5
  ×    4 6
  3 8 1 0
  2 5 4 0 0
  2 9 2 1 0
```

⑫
```
    2 2 4
  ×    3 1
    2 2 4
  6 7 2 0
  6 9 4 4
```

⑬
```
    3 1 6
  ×    2 4
  1 2 6 4
  6 3 2 0
  7 5 8 4
```

⑭
```
    3 1 6
  ×    5 6
  1 8 9 6
  1 5 8 0 0
  1 7 6 9 6
```

⑮
```
    4 4 8
  ×    6 5
  2 2 4 0
  2 6 8 8 0
  2 9 1 2 0
```

1

```
      2 5 7
  ×     3 [4]
  1 0 2 8
  7 7 1 0
  [        ]
```

7에 어떤 수를
곱해서
몇십8이
되는 경우는
7×4=28
밖에 없음

↓

```
      2 5 7
  ×     3 [4]
  1 0 2 8
  7 7 1 0
  [8 7 3 8]
```

116

3423

◉ 개념 마무리 1
빈칸을 알맞게 채우세요.

1
```
        2 5 7
  ×       3 [4]
    1 0 2 8
    7 7 1 0
    [8 7 3 8]
```

2
```
        3 2 6
  ×       [4] 3
      [9 7 8]
    1 3 0 4 0
    1 4 0 1 8
```

3
```
        5 [2] 8
  ×       2 6
      3 1 6 8
    1 0 5 6 0
    [1 3 7 2 8]
```

4
```
        4 3 6
  ×       2 [5]
      2 1 8 0
      [8 7 2 0]
    1 0 9 0 0
```

5
```
        6 5 3
  ×       [7] 2
      1 3 0 6
    4 5 7 1 0
    [4 7 0 1 6]
```

6
```
        2 [4] 5
  ×       3 8
      1 9 6 0
      [7 3 5 0]
      9 3 1 0
```

116 곱셈

2

```
      3 2 6
  ×   □ 3
    [9 7 8]
  1 3 0 4 0
  1 4 0 1 8
```

↓

```
      3 2 6
  ×   □ 3
    [9 7 8]
  1 3 0 4 0
  1 4 0 1 8
```

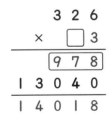

6에 어떤 수를 곱해서
몇십4가 되는 경우는
6×4=24, 6×9=54

빈칸에 4를 넣어보기

```
      3 2 6
  ×   [4] 3
    [9 7 8]
  1 3 0 4 0
  1 4 0 1 8
```

정답!

빈칸에 9를 넣어보기

```
      3 2 6
  ×   [9] 3
    [9 7 8]
  2 9 3 4 0
  3 0 3 1 8
```

정답이 아님

정답 및 해설 **33**

116쪽

3

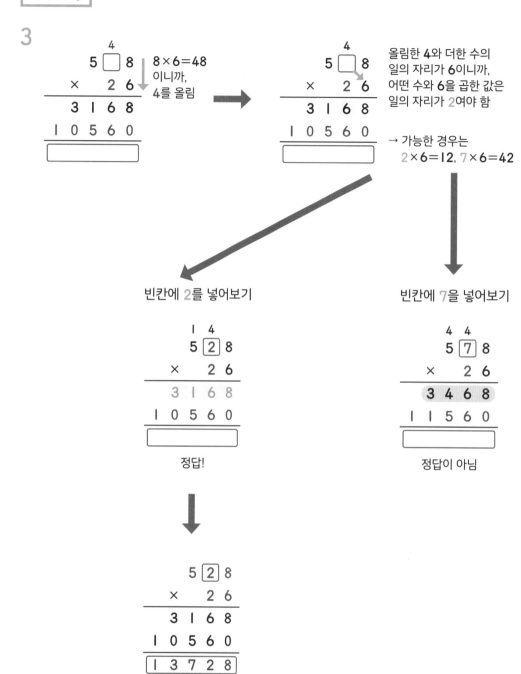

4

$$
\begin{array}{r}
4\ 3\ 6 \\
\times\ \ 2\ \boxed{5} \\
\hline
2\ 1\ 8\ 0 \\
\hline
1\ 0\ 9\ 0\ 0
\end{array}
$$

6에 어떤 수를
곱해서
몇십이
되는 경우는
6×5=30
밖에 없음

$$
\begin{array}{r}
4\ 3\ 6 \\
\times\ \ 2\ \boxed{5} \\
\hline
2\ 1\ 8\ 0 \\
\boxed{8\ 7\ 2\ 0} \\
\hline
1\ 0\ 9\ 0\ 0
\end{array}
$$

436×20을
계산하기

5

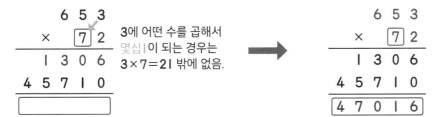

```
      6 5 3
  ×  [7] 2
  1 3 0 6
4 5 7 1 0
┌─────────┐
└─────────┘
```

3에 어떤 수를 곱해서
몇십1이 되는 경우는
3×7=21 밖에 없음.

→

```
      6 5 3
  ×  [7] 2
  1 3 0 6
4 5 7 1 0
┌─────────┐
│4 7 0 1 6│
└─────────┘
```

6

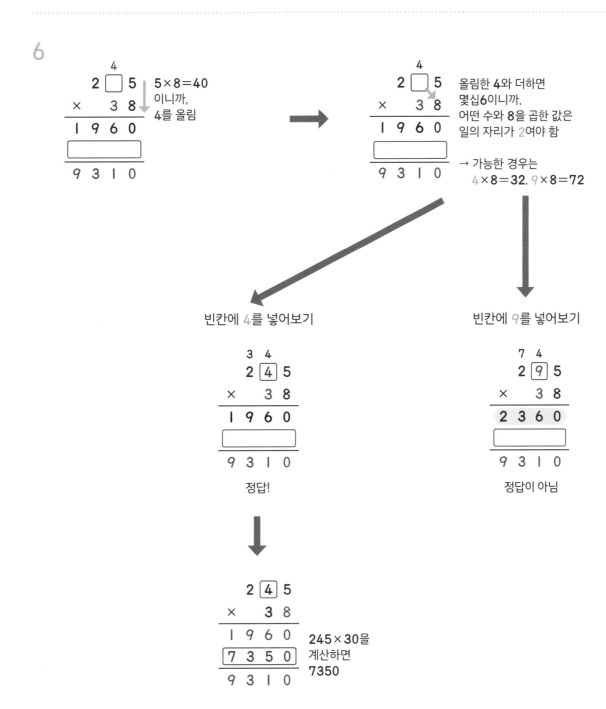

```
        4
    2 [ ] 5
  ×   3 8
  1 9 6 0
┌─────────┐
└─────────┘
  9 3 1 0
```

5×8=40
이니까,
4를 올림

→

```
        4
    2 [ ] 5
  ×   3 8
  1 9 6 0
┌─────────┐
└─────────┘
  9 3 1 0
```

올림한 4와 더하면
몇십6이니까,
어떤 수와 8을 곱한 값은
일의 자리가 2여야 함

→ 가능한 경우는
4×8=32, 9×8=72

빈칸에 4를 넣어보기

```
    3 4
    2 [4] 5
  ×   3 8
  1 9 6 0
┌─────────┐
└─────────┘
  9 3 1 0
```

정답!

↓

```
    2 [4] 5
  ×   3 8
  1 9 6 0
┌─────────┐
│7 3 5 0│
└─────────┘
  9 3 1 0
```

245×30을
계산하면
7350

빈칸에 9를 넣어보기

```
    7 4
    2 [9] 5
  ×   3 8
  2 3 6 0
┌─────────┐
└─────────┘
  9 3 1 0
```

정답이 아님

117쪽

1

```
      3 5 2
    ×   1 5
    1 7 6 0
    3 5 2 0
    5 2 8 0
```

2

$720 × 56 = 40320$

```
        7 2
      × 5 6
      4 3 2
    3 6 0 0
    4 0 3 2
```

▶ 개념 마무리 2

주어진 상황에 알맞은 곱셈식을 쓰고 답을 구하세요.

1 이벤트에 당첨된 352명에게 초콜릿을 15개씩 나눠주려고 합니다. 모두 몇 개를 준비해야 할까요?

식 $352 × 15 = 5280$ 답 5280 개

2 한 자루에 720원짜리 볼펜을 10자루씩 5묶음과 낱개 6자루 사려고 합니다. 총 얼마를 내야 할까요?   → 56자루

식 $720 × 56 = 40320$ 답 40320 원

3 1시간에 과자 375개를 만드는 기계가 있습니다. 이 기계를 하루 동안 쉬지 않고 작동시킨다면, 만들 수 있는 과자는 몇 개일까요?   24시간

식 $375 × 24 = 9000$ 답 9000 개

4 준우는 키가 132 cm입니다. 우리 아파트의 높이가 준우 키의 24배일 때, 우리 아파트 높이는 몇 cm일까요?

식 $132 × 24 = 3168$ 답 3168 cm

5 바둑판 1개에는 324칸이 있습니다. 바둑판 27개에는 몇 칸이 있을까요?

식 $324 × 27 = 8748$ 답 8748 칸

3

```
      3 7 5
    ×   2 4
    1 5 0 0
    7 5 0 0
    9 0 0 0
```

4

```
      1 3 2
    ×   2 4
      5 2 8
    2 6 4 0
    3 1 6 8
```

5

```
      3 2 4
    ×   2 7
    2 2 6 8
    6 4 8 0
    8 7 4 8
```

6 세로 곱셈의 확장

▶ 정답 및 해설 37쪽

★ MM × (세 자리 수)

세 자리 수를 곱하니까,

$$
\begin{array}{r}
178 \\
\times\ 325 \\
\hline
890 \\
3560 \\
53400 \\
\hline
57850
\end{array}
$$

178 × 5
178 × 20
178 × 300

이렇게 세 번 곱하고~

세 곱을 전부 더하기!

⬜ 자리 수를 곱할 때는,
⬜ 번 곱하고,
⬜ 개의 곱을 전부 더하기!

(두 자리 수) × (세 자리 수) 세로셈

$$
\begin{array}{r}
27 \\
\times\ 136 \\
\hline
162 \\
810 \\
2700 \\
\hline
3672
\end{array}
$$

27 × 6
27 × 30
27 × 100

$27 × 136 = 136 × 27$
이니까, $136 × 27$로 계산해도 돼!

중간에 0이 있는 수의 세로셈

$$
\begin{array}{r}
78 \\
\times\ 304 \\
\hline
312 \\
0 \\
23400 \\
\hline
23712
\end{array}
$$

78 × 4
생략 가능! 78 × 0
78 × 300

중간에 0이 있어도 계산하는 방법은 똑같아

▷ 개념 익히기 1
알맞은 것끼리 선으로 연결하고 빈칸을 채우세요.

$$
\begin{array}{r}
63 \\
\times\ 257 \\
\hline
441 \\
3150 \\
12600 \\
\hline
16191
\end{array}
$$

63 × 200
63 × 7
63 × 50

▷ 개념 익히기 2
생략할 수 있는 부분에 ○표 하세요.

1
$$
\begin{array}{r}
43 \\
\times\ 207 \\
\hline
301 \\
0 \\
8600 \\
\hline
8901
\end{array}
$$

2
$$
\begin{array}{r}
5 \\
\times\ 304 \\
\hline
20 \\
0 \\
1500 \\
\hline
1520
\end{array}
$$

3
$$
\begin{array}{r}
36 \\
\times\ 408 \\
\hline
288 \\
0 \\
14400 \\
\hline
14688
\end{array}
$$

▶ 정답 및 해설 37쪽

▷ 개념 다지기 1
빈칸을 알맞게 채우세요.

1
$$
\begin{array}{r}
53 \\
\times\ 468 \\
\hline
424 \\
3180 \\
21200 \\
\hline
24804
\end{array}
$$
→ 53 × 8
→ 53 × 60
→ 53 × 400

2
$$
\begin{array}{r}
54 \\
\times\ 3692 \\
\hline
108 \\
4860 \\
32400 \\
162000 \\
\hline
199368
\end{array}
$$
→ 54 × 2
→ 54 × 90
→ 54 × 600
→ 54 × 3000

3
$$
\begin{array}{r}
46 \\
\times\ 328 \\
\hline
368 \\
920 \\
13800 \\
\hline
15088
\end{array}
$$
→ 46 × 8
→ 46 × 20
→ 46 × 300

4
$$
\begin{array}{r}
35 \\
\times\ 2357 \\
\hline
245 \\
1750 \\
10500 \\
70000 \\
\hline
82495
\end{array}
$$
→ 35 × 7
→ 35 × 50
→ 35 × 300
→ 35 × 2000

▷ 개념 다지기 2
계산해 보세요.

1
$$
\begin{array}{r}
72 \\
\times\ 345 \\
\hline
360 \\
2880 \\
21600 \\
\hline
24840
\end{array}
$$

2
$$
\begin{array}{r}
63 \\
\times\ 516 \\
\hline
378 \\
630 \\
31500 \\
\hline
32508
\end{array}
$$

3
$$
\begin{array}{r}
24 \\
\times\ 638 \\
\hline
192 \\
720 \\
14400 \\
\hline
15312
\end{array}
$$

4
$$
\begin{array}{r}
32 \\
\times\ 274 \\
\hline
128 \\
2240 \\
6400 \\
\hline
8768
\end{array}
$$

5
$$
\begin{array}{r}
55 \\
\times\ 803 \\
\hline
165 \\
44000 \\
\hline
44165
\end{array}
$$

6
$$
\begin{array}{r}
60 \\
\times\ 729 \\
\hline
540 \\
1200 \\
42000 \\
\hline
43740
\end{array}
$$

122 123

▶ 정답 및 해설 38쪽

개념 마무리 1
계산해 보세요.

1
$$2653 \times 48$$

```
    2653
×     48
   21224
  106120
  127344
```

2
$$17 \times 593$$

```
       17
×     593
       51
     1530
     8500
    10081
```

3
$$3760 \times 25$$

```
    3760
×     25
   18800
   75200
   94000
```

4
$$4165 \times 11$$

```
    4165
×     11
    4165
   41650
   45815
```

5
$$36 \times 354$$

```
      36
×    354
     144
    1800
   10800
   12744
```

6
$$2060 \times 24$$

```
    2060
×     24
    8240
   41200
   49440
```

개념 마무리 2
주어진 상황에 알맞은 곱셈식을 쓰고 답을 구하세요.

1 학생 478명이 공원에 입장하려고 합니다. 입장료가 900원이라면 입장료는 모두 얼마일까요?

식 $478 \times 900 = 430200$ 답 430200 원

2 한 통에 아몬드 152알이 들어있습니다. 63통에는 아몬드가 모두 몇 알 들어있을까요?

식 $152 \times 63 = 9576$ 답 9576 알

3 책장마다 273권의 책이 꽂혀있습니다. 책장 19개에는 모두 몇 권의 책이 꽂혀 있을까요?

식 $273 \times 19 = 5187$ 답 5187 권

4 건물 모형을 만들 때 블록 206개를 사용합니다. 옆반 친구들 32명이 똑같은 건물 모형을 만든다면 블록은 모두 몇 개 필요할까요?

식 $206 \times 32 = 6592$ 답 6592 개

5 한 줄에 4500원짜리 김밥을 32줄 샀다면, 김밥 가격은 모두 얼마일까요?

식 $4500 \times 32 = 144000$ 답 144000 원

123쪽

1
$$478 \times 900 = 430200$$

```
      77
     478
×      9
    4302
```

2
```
     152
×     63
     456
    9120
    9576
```

3
```
     273
×     19
    2457
    2730
    5187
```

4
```
     206
×     32
     412
    6180
    6592
```

5
$$4500 \times 32 = 144000$$

```
      45
×     32
      90
    1350
    1440
```

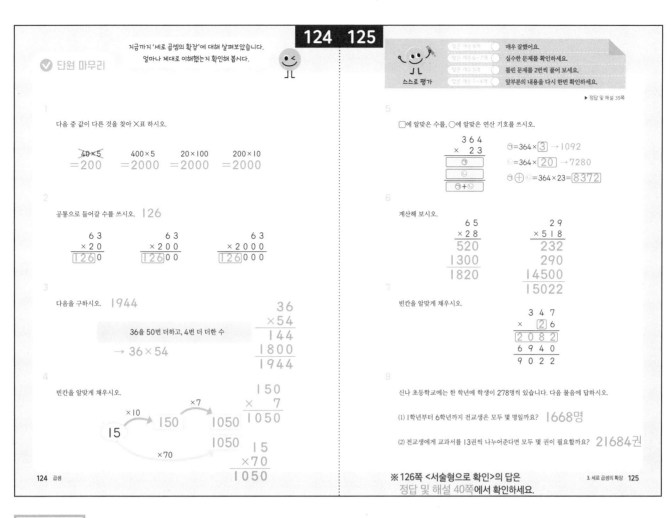

125쪽

7

```
    3 4 7
×     □ 6
 2 0 8 2   347×6을
 6 9 4 0   계산하기
 9 0 2 2
```

→

```
    3 4 7
×     2 6
 2 0 8 2
 6 9 4 0
 9 0 2 2
```

7에 어떤 수를 곱해서
몇십4가 되는 경우는
7×2=14 밖에 없음

8 (1)

```
      4 4
    2 7 8
×       6
  1 6 6 8
```

(2)

```
    1 6 6 8
×      1 3
    5 0 0 4
  1 6 6 8 0
  2 1 6 8 4
```

1. (두 자리 수) × (한 자리 수)

2. (세 자리 수) × (한 자리 수)

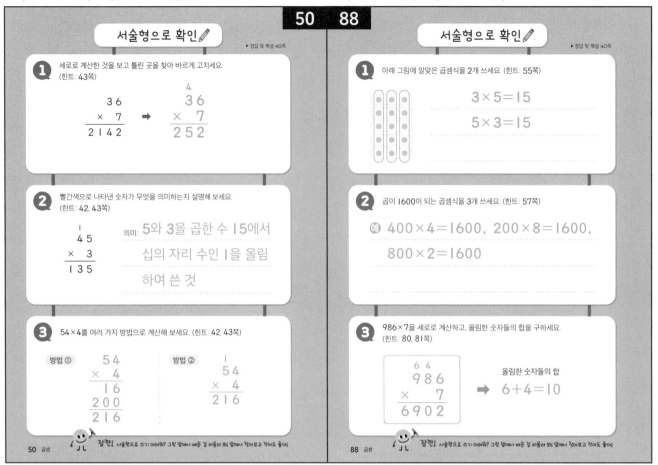

50 **88**

서술형으로 확인 ✏

▶정답 및 해설 40쪽

① 세로로 계산한 것을 보고 틀린 곳을 찾아 바르게 고치세요.
(힌트: 43쪽)

$$
\begin{array}{r} 36 \\ \times\ 7 \\ \hline 2142 \end{array}
\Rightarrow
\begin{array}{r} {}^{4}\ \\ 36 \\ \times\ 7 \\ \hline 252 \end{array}
$$

② 빨간색으로 나타낸 숫자가 무엇을 의미하는지 설명해 보세요.
(힌트: 42, 43쪽)

$$
\begin{array}{r} \overset{1}{4}5 \\ \times\ 3 \\ \hline 135 \end{array}
$$

의미: 5와 3을 곱한 수 15에서
십의 자리 수인 1을 올림
하여 쓴 것

③ 54×4를 여러 가지 방법으로 계산해 보세요. (힌트: 42, 43쪽)

방법 ①
$$
\begin{array}{r} 54 \\ \times\ 4 \\ \hline 16 \\ 200 \\ \hline 216 \end{array}
$$

방법 ②
$$
\begin{array}{r} {}^{1}\ \\ 54 \\ \times\ 4 \\ \hline 216 \end{array}
$$

서술형으로 확인 ✏

▶정답 및 해설 40쪽

① 아래 그림에 알맞은 곱셈식을 2개 쓰세요. (힌트: 55쪽)

$3 \times 5 = 15$

$5 \times 3 = 15$

② 곱이 1600이 되는 곱셈식을 3개 쓰세요. (힌트: 57쪽)

⑩ $400 \times 4 = 1600$, $200 \times 8 = 1600$,

$800 \times 2 = 1600$

③ 986×7을 세로로 계산하고, 올림한 숫자들의 합을 구하세요.
(힌트: 80, 81쪽)

$$
\begin{array}{r} {}^{6\ 4}\ \\ 986 \\ \times\ 7 \\ \hline 6902 \end{array}
$$
➡ 올림한 숫자들의 합
$6 + 4 = 10$

50 곱셈

88 곱셈

잠깐! 서술형으로 쓰기 어려워? 그럼 앞에서 배운 길 떠올려 보! 앞에서 찾아보고 적어도 좋아

3. 세로 곱셈의 확장

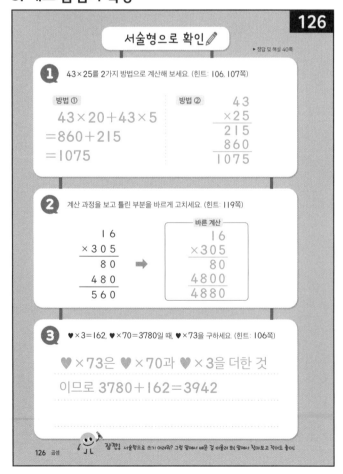

126

서술형으로 확인 ✏

▶정답 및 해설 40쪽

① 43×25를 2가지 방법으로 계산해 보세요. (힌트: 106, 107쪽)

방법 ①
$43 \times 20 + 43 \times 5$
$= 860 + 215$
$= 1075$

방법 ②
$$
\begin{array}{r} 43 \\ \times 25 \\ \hline 215 \\ 860 \\ \hline 1075 \end{array}
$$

② 계산 과정을 보고 틀린 부분을 바르게 고치세요. (힌트: 119쪽)

$$
\begin{array}{r} 16 \\ \times 305 \\ \hline 80 \\ 480 \\ \hline 560 \end{array}
\Rightarrow
\boxed{
\begin{array}{c} \text{바른 계산} \\ \begin{array}{r} 16 \\ \times 305 \\ \hline 80 \\ 4800 \\ \hline 4880 \end{array} \end{array}
}
$$

③ ♥×3=162, ♥×70=3780일 때, ♥×73을 구하세요. (힌트: 106쪽)

♥×73은 ♥×70과 ♥×3을 더한 것
이므로 3780+162=3942

126 곱셈

잠깐! 서술형으로 쓰기 어려워? 그럼 앞에서 배운 길 떠올려 보! 앞에서 찾아보고 적어도 좋아

교육 R&D에 앞서가는
Key 키출판사

초등수학

계산 중심이 아닌,
개념과 의미로 풀어내는
진짜 수학!

곱셈

ㅂ×ㅁ

교육 R&D에 앞서가는
Key 키출판사